緑色の用紙の内側に、「問題編」が添付されています。

問題編は必要に応じて取りはずせます。取りはずす場合は、この用紙を1枚めくっていただき、問題編の根元を持って、ゆっくりと引き抜いてください。

よくわかるマスター　特定非営利活動法人　インターネットスキル認定普及協会　公認

改訂版 ウェブデザイン技能検定3級 過去問題集

Contents

令和3年度
第1回
ウェブデザイン技能検定

3 級

学科試験問題

◇受検上の注意◇

1. 試験会場では、技能検定委員の指示に従うこと。
2. 他受検者の受検を妨害する行為はしてはならない。イヤフォンおよび携帯電話やスマートウォッチの使用を禁止する。
3. 受検中に不正があった場合、また、技能検定委員に不正を指摘された場合、受検者は作業を中止して退場すること。水分補給の為、閉栓可能な飲料は持ち込み可能であるが、その飲料などが原因で解答用紙等に汚損等が発生した場合のトラブルは自己責任となるため注意すること。
4. 受検の際、机上には受検票、身分証明書類、筆記用具、閉栓可能な飲料のみ置くことができる。携帯電話やスマートウォッチなどの通信機器は机上には置かず、受検中は必ず電源を切っておくこと。携帯電話やスマートウォッチなどの通信機器を時計の代わりに利用することはできない。
5. 計時は、技能検定委員に説明された時計を利用すること。受検の際には、30分経過、受検終了10分前に技能検定委員からアナウンスを行う。
6. 受検中のトイレ、体調不良の際は必ず技能検定委員に申し出ること。所要時間については受検時間に含まれる。
7. 試験開始より30分を超え、制限時間内に試験を終了した場合、技能検定委員に試験終了の意思表示を行い、試験会場より退出することができる。ただし、再入場は認めない。
8. 退室は技能検定委員の指示に従うこと。
9. 解答用紙を試験会場から持ち出した場合は、無効となり不合格とする。
10. 試験問題は持ち帰ること。
11. その他、いかなる場合にも技能検定委員の指示に従って受検すること。

◇解答にあたっての注意◇

解答用紙の記入にあたり、次の指示に従うこと。指示に従わない場合には採点がされない場合があるので注意すること。

(1) 解答用紙はマークシート方式のため解答用紙に記された記入方法に従って記入すること。
(2) 問題用紙の「第 X 問」は解答用紙の「問 X」の欄にマークすること。
(3) 受検番号欄には、必ず受検票に記載されている学科用の受検番号を記入すること。
(4) 氏名欄には、必ず受検票に記載されている氏名を記入すること。
(5) 解答は濃度 HB 程度の鉛筆またはシャープペンシルを使用すること。解答を訂正する場合は消しゴムできれいに消し、消しくずを残さないようにすること。

◇学科試験 留意事項◇

1. Google Chrome、Mozilla Firefox、Microsoft Edge の最新安定版を指定ブラウザとする。
2. ハイパテキストマーク付け言語(HTML)については JIS X 4156:2000 (ISO/IEC15445:2000) および W3C(ワールドワイドウェブコンソーシアム)HTML4.01 以降を対象とし、拡張可能なハイパテキストマーク付け言語(XHTML)はW3C XHTML 1.0 以降を対象とする。
3. 段階スタイルシート(CSS)については JIS X4168:2004 およびW3C CSS 2.1 以降を対象とする。
4. HTML5 についてはHTML Review Draft—Published 29 January 2020、CSS3 の各モジュールは 2021 年 4 月 1 日の時点でW3Cにおいて勧告されているものを推奨する(https://www.w3.org/Style/CSS/ 参照)。
5. 問題文中に(X)HTMLファイルとある場合は、HTMLとXHTMLどちらを選んでもよい。また、HTML、XHTMLと明記し記述している場合はそれに従うこと。

---

1. 各設問において、正しいものは1を、間違っているものは2を、該当設問の解答欄に記せ。

第1問

クロスブラウザチェックとは、複数の異なるウェブブラウザで仕様どおりにウェブページが表示され機能するかを検証することである。

第2問

長時間にわたってディスプレイ画面を凝視し続けることによる眼精疲労は、首・肩・腰などへの身体的不調だけでなく、メンタルヘルスにも悪影響をもたらす。

第3問

CMS(コンテンツマネジメントシステム)はPHPで作られているので、HTMLやCSSを使用することはない。

第4問

ウェブページのタイトルはhead要素内のtitle要素として1つだけ記述できる。

第5問

GIF形式は1600万色以上を扱うことができる可逆圧縮形式の画像形式である。

第6問

section要素全体をa要素のタグで囲ってリンクにすると文法エラーになる。

第7問

CSS2やCSS3における「2」や「3」の数字は、バージョンではなくレベルである。

第8問

ユニバーサルデザインとは、「可変レイアウトの一種」である。

第9問

Cookieは、ウェブサーバからウェブブラウザに送信し保存させるデータであり、HTTPの機能である。

第10問

Basic認証とはHTTPの認証方式のひとつであり、ユーザ名とパスワードをハッシュ化することによって盗聴や改竄を防ぐ技術である。

---

2. 以下の設問に答えよ。

第 11 問

CSS の cursor プロパティの値の中で、十字カーソルを表示させるものはどれか。以下より 1 つ選択しなさい。

1. bitmap
2. plus
3. area-selection
4. crosshair

第 12 問

明示的にセクションを発生させる要素を以下より 1 つ選択しなさい。

1. h1 から h6 要素
2. p 要素
3. div 要素
4. aside 要素

第 13 問

br 要素の用途として最も適切なものを以下より 1 つ選択しなさい。

1. 改行によって段落をあらわす。
2. 改行によってグループを分離する。
3. 住所を表記する際の改行として使用する。
4. 段落内で余白が必要なときに余白の量に応じて複数個を配置する。

第14問

チェックボックス(input type="checkbox"要素)に、次のような HTML コードで項目ラベル(label 要素)を添えた。このとき、項目ラベルをクリックしても、チェックボックスのオン・オフが切り替えられるようにしたい。

その場合に　A　と　B　に定めるべき属性として適切な組み合わせを以下より 1 つ選択しなさい。

body 要素
```
<input type="checkbox" name="item"  A ="item">
<label  B ="item">項目ラベル</label>
```

1. A: label　　B: for
2. A: id　　B: for
3. A: label　　B: to
4. A: target　　B: to

第15問

HTML のテキストに打ち消し線（取り消し線）を表示するために、CSS プロパティの text-decoration に与える値として適切なものはどれか。以下より 1 つ選択しなさい。

1. line-through
2. overline
3. override
4. overwrite

第16問

次の CSS が適用された p 要素はどのように表示されるか。適切な説明を以下より 1 つ選択しなさい。

CSS
```
p {
        background-color: blue;
        margin: 10px;
}
p {
        background-color: yellow;
}
```

1. 背景は黄色で表示され、上下左右の余白が 10 ピクセルになる。
2. 背景は青色で表示され、上下左右の余白が 10 ピクセルになる。
3. 背景は黄色で表示され、余白は初期値になる。
4. 背景は青色で表示され、上下左右の余白は 0 になる。

第17問

ウェブページの内容に関する問い合わせ先（連絡先情報）をマークアップする際に使用すべき要素はどれか。最も適切なものを以下より1つ選択しなさい。

1. p
2. div
3. footer
4. address

第18問

HTMLとCSSはそれぞれコンピュータ言語のうちのどの言語に該当するか。最も適切な組み合わせを以下より1つ選択しなさい。

1. HTML:スクリプト言語　　　CSS:プログラミング言語
2. HTML:マークアップ言語　　CSS:スタイルシート言語
3. HTML:プログラミング言語　CSS:プログラミング言語
4. HTML:プログラミング言語　CSS:スタイルシート言語

第19問

ワームの説明として正しいものはどれか。以下より1つ選択しなさい。

1. 無害なファイルやプログラムに偽装した上で侵入した後に、悪意のある振る舞いをするマルウェア
2. コンピュータの内部情報を外部に勝手に送信するマルウェア
3. コンピュータのファイルへのアクセスを制限するなどし、身代金を要求するマルウェア
4. 自己増殖機能によって他のシステムに拡散する性質を持ったマルウェア

第20問

レスポンシブウェブデザインに関する説明として適切なものを、以下より1つ選択しなさい。

1. デバイスの環境に応じてレイアウトが自動的に変わるウェブデザイン手法
2. ウェブデザイナーの意図通りにデザインを強制的に合わせる手法
3. ユーザの好みに合わせてデザインが変わるウェブデザイン手法
4. ユーザのTPOに合わせてレイアウトが自動的に変わるウェブデザイン手法

R3 第1回

R3 第2回

R3 第3回

R2 第2回

R2 第3回

R2 第4回

令和3年度　第1回　試験問題

第21問

HTMLで使用可能な要素はどれか。以下より1つ選択しなさい。

1. ahead
2. headed
3. header
4. heading

第22問

IDやパスワードの不正取得・保管行為を禁止する法律はどれか。以下より1つ選択しなさい。

1. 著作権法
2. サイバーセキュリティ基本法
3. 個人情報の保護に関する法律
4. 不正アクセス行為の禁止等に関する法律

第23問

img要素の代替テキストを指定する際に使用すべき属性はどれか。以下より1つ選択しなさい。

1. src属性
2. alt属性
3. title属性
4. label属性

第24問

文字色と背景色の組み合わせのうち、最もコントラスト比が高くなるのはどれか。以下より1つ選択しなさい。

1. #000000　#999999
2. #000000　#ffffff
3. #000fff　#fff000
4. #fff000　#000fff

第25問

OSI 参照モデルにおいて、第 3 層に該当するものはどれか。以下より 1 つ選択しなさい。

1. 物理層
2. データリンク層
3. ネットワーク層
4. トランスポート層

※注意　マークシートに記載した氏名・受検番号を再度確認してください。学科試験と実技試験の受検番号は異なります。必ず学科用の受検番号を記入・マークしてください。間違いがある場合、採点されません。

◇免責事項◇

本検定試験において記載されている会社名、製品名は、それぞれの会社の商標もしくは登録商標である。設問内では Ⓡ、TM マークを明記しない。

R3 第1回
R3 第2回
R3 第3回
R2 第2回
R2 第3回
R2 第4回

令和3年度
第1回
ウェブデザイン技能検定
3 級
実技試験問題

◇受検上の留意事項◇

1.試験会場では、技能検定委員の指示に従うこと。

2.実技試験用PCのOSはMicrosoft Windows 8以降である。OSやアプリケーションソフトの操作方法等についての質問への回答や補助など一切応じない。

3.本検定試験では、Google Chrome、Mozilla Firefox、Microsoft Edge(Internet Explorer11は使用可能とするが非推奨とする)の最新安定版を指定ウェブブラウザとする。検定用PCにインストールされた本検定試験指定ソフトウェアは、TeraPad、サクラエディタ、Sublime Text、およびOSに標準で備えられているアクセサリソフトウェアとし、各データを処理するために適切なものを受検者各自で判断し使用すること。指定されたソフトウェア以外を利用して作業を行うことはできない。指定ソフトウェア以外を使用して作業を行った場合は不合格とする。検定用PCからインターネットへのアクセスができないことに十分注意すること。

4.受検中は、用具の貸し借り、PCおよびデータの交換、不正に持ち込んだデータの利用、検定用PCからインターネットへのアクセス、イヤフォンおよび携帯電話やスマートウォッチの使用、他受検者への妨害行為等を禁止する。水分補給の為、閉栓可能な飲料は持ち込み可能であるが、その飲料などが原因で機材等にトラブルが発生した場合は自己責任となるため注意すること。受検中に不正があった場合や技能検定委員に不正を指摘された場合、受検者は作業を中止して退場すること。なお、不正行為があった場合は、不合格とする。

5.受検の際、机上には受検票、身分証明書類、筆記用具、閉栓可能な飲料のみ置くことができる。携帯電話やスマートウォッチなどの通信機器は机上には置かず、受検中は必ず電源を切っておくこと。携帯電話やスマートウォッチなどの通信機器を時計の代わりに利用することはできない。

6.計時は、技能検定委員に説明された時計を利用すること。受検の際には、30分経過、受検終了10分前に技能検定委員からアナウンスを行う。開始より30分を超え、制限時間内に試験を終了した場合、技能検定委員に試験終了の意思表示を行い、試験会場より退出することができる。ただし、再入場は認めない。退室は技能検定委員の指示に従うこと。

7.受検中のトイレ、体調不良の際は必ず技能検定委員に申し出ること。所要時間については受検時間に含まれる。また、座席などを離れる場合、アプリケーション等の操作画面、ブラウザ画面などが表示されないよう留意すること。

8.検定用PCのトラブル等により作成中のデータが失われる場合もあるため、各自データ保存やバックアップに留意して作業を行うこと。受検中、検定用PCがフリーズするなど、機器にトラブルが発生し作業が中断した場合は、作業再開までの時間を技能検定委員が記録し、規定試験時間終了後も受検者は記録された時間を追加して作業の継続ができる。

9.制作した課題の著作権は試験主催者である、特定非営利活動法人インターネットスキル認定普及協会に帰属する。

10.その他、いかなる場合にも技能検定委員の指示に従って、受検すること。

◇解答にあたっての注意◇

1.『試験設備点検表および実技試験課題選択表』について、次の指示に従うこと。指示に従わない場合には採点されない場合があるので注意すること。

　(1) 受検番号欄には、必ず受検票に記載されている実技試験受検番号を記入すること。

　(2) 氏名欄には、必ず受検票に記載されている氏名を記入すること。

　(3) HB程度の鉛筆またはシャープペンシルを使用し、解答を訂正する場合は消しゴムできれいに消し、消しくずを残さないようにすること。

　(4) 『実技試験課題選択表』に選択した作業番号を必ず記入すること。

2.受検票は技能検定委員が見やすいよう、試験時間中は必ず通路側の机上に提示しておくこと。

3.試験時間終了時に、『試験設備点検表』および『実技試験課題選択表』を回収する。試験問題は持ち帰ること。

4.作業を実施するにあたり、ソースなどをウェブブラウザで正しく表示されるように修正することが必要な場合がある。

5.受検者は全6課題より、5課題を選択し、60分間で作業を完了させること。

6.作業で利用する素材は、デスクトップ上のdata3フォルダで配布している。また、受検者はデスクトップ(または技能検定委員に指示された場所)のwd3フォルダに、課題に従いフォルダ、ソースファイルなどを配置し提出すること(wd3フォルダが作成されていない場合は受検者が作成すること)。なお、保存するデータは5課題分のみとし、不適切なデータの保存や不要なファイルがある場合は減点の対象となる。

7.作成するファイル名には全角文字は使用せず、半角英数字のみとして、スペースなどを入れずに作成すること。またファイルのデータ形式、拡張子等にも留意すること。データの保存は問題で作成を指示されたフォルダに保存すること。

8.本検定試験では、ハイパテキストマーク付け言語(HTML)については JIS X 4156:2000 (ISO/IEC15445:2000) および W3C(ワールドワイドウェブコンソーシアム)HTML4.01以降を対象とし、拡張可能なハイパテキストマーク付け言語(XHTML)はW3C XHTML 1.0以降を対象とする。段階スタイルシート(CSS)については JIS X4168:2004 およびW3C CSS 2.1以降を対象とする。ただし、HTML5についてはHTML Review Draft—Published 29 January 2020、CSS3の各モジュールは2021年4月1日の時点でW3Cにおいて勧告されているものを推奨する(http://www.w3.org/Style/CSS/ 参照)。なお、素材に予め文書型宣言が記述してある場合は、それに従うこと。また、作成するHTMLファイルの文字コードはUTF-8にすること。

令和3年度　第1回　試験問題

9

作業1～6の中から5問を選択し、各設問の文章に従い作業を行うこと。

作業で利用する素材は、デスクトップ上のdata3フォルダのものを使用すること。

また、各設問の指示に従い、デスクトップ上のwd3フォルダにフォルダ、ソースファイルなどを配置し提出すること。wd3フォルダが作成されていない場合は受検者が作成すること。

すべての課題提出データは検定指定ウェブブラウザで正しく表示されること。

作業1：次の(1)～(2)の作業を行いなさい。

(1) デスクトップ上のdata3フォルダのq1フォルダ内にある fs.jpg に従い、index.html、CSSファイル、画像等のソースファイルおよびディレクトリ構成を適切に訂正し完成させなさい。その際、必要に応じフォルダ等は作成し、CSSファイル、画像等が正しく適用されるよう、index.htmlおよびCSSファイルを編集すること。

(2) デスクトップ上のwd3フォルダ内にa1という名前でフォルダを作成し、フォルダおよびソースファイルを構成に留意して保存しなさい。

作業2：次の(1)～(3)の作業を行いなさい。なお、次の(1)～(3)で指示された箇所以外については変更する必要はない。

(1) デスクトップ上の data3 フォルダの q2 フォルダ内にある index.html、info.html、skilltest.html、form.html の nav 要素で指定されたエリアにあるグローバルナビゲーションの各要素に対して、対応する各ページへのリンクが正常に行われるようにしなさい。「ホーム」は index.html に、「協会情報」は info.html に、「試験概要」は skilltest.html に、「お問い合わせ」は form.html にそれぞれリンクを設定しなさい。その他は無視してよい。

(2) info.html、skilltest.html、form.html の main 要素内にある「A」、「B」、「C」の箇所をそれぞれのページタイトルと同じテキストに修正しなさい。

(3) 修正した index.html および表示に必要な他のファイル等とともに、デスクトップ上の wd3 フォルダ内に a2 という名前でフォルダを作成し保存しなさい。

作業3：次の(1)～(2)の作業を行いなさい。

(1) デスクトップ上の data3 フォルダの q3 フォルダ内にある style.css を編集し、左に寄って配置されているコンテンツが中央に表示されるように変更しなさい。ここでいう中央とは、横方向の中央であって、縦方向の中央に配置する必要はない。

(2) 修正した style.css や index.html ファイルおよび表示に必要な他のファイル等とともに、デスクトップ上の wd3 フォルダ内に a3 という名前でフォルダを作成し保存しなさい。

R3 第1回
R3 第2回
R3 第3回
R2 第2回
R2 第3回
R2 第4回

作業 4：次の(1)～(2)の作業を行いなさい。

(1) デスクトップ上の data3 フォルダの q4 フォルダ内にある style.css を編集して、h1 要素の背景の色を
333333、文字の色を #ffffff に変更しなさい。指定以外の要素は特に変更する必要はない。

(2) 修正した style.css や index.html ファイルおよび表示に必要な他のファイル等とともに、デスクトップ上の wd3
フォルダ内に a4 という名前でフォルダを作成し保存しなさい。

作業 5：次の(1)～(2)の作業を行いなさい。

(1) デスクトップ上の data3 フォルダの q5 フォルダ内にある index.html の body 要素および id="wrap"が指定
されている div 要素に、style.css を編集して、img.png での表示結果と同じとなるように背景画像を適用しな
さい。背景画像は q5 フォルダ内の img フォルダより適切なものを選択し適用しなさい。なお、適用される背景
画像以外の、検定指定ウェブブラウザ間の種類並びにバージョンの違いによる表示の僅かな異なりは、無視
できるものとする。

(2) 修正した style.css や index.html ファイルおよび表示に必要な他のファイル等とともに、デスクトップ上の wd3
フォルダ内に a5 という名前でフォルダを作成し保存しなさい。

作業 6：次の(1)～(2)の作業を行いなさい。

(1) デスクトップ上の data3 フォルダの q6 フォルダ内にある index.html の main 要素で指定されたエリアに、現
在配置されているテキストを削除して、sample.txt に記載されている文章を配置し、ウェブページを更新しな
さい。その際は文章をよく読み、h1 要素、h2 要素、p 要素、ol 要素、ul 要素のすべてをもれなく使用し構造化
を行うこと。指定以外の要素については使用する必要はない。なお、各リスト項目の文頭につくマーカーについ
ては、ol 要素、ul 要素のデフォルトのスタイルを適用させ実現すること。

(2) 修正した index.html および表示に必要な他のファイル等とともに、デスクトップ上の wd3 フォルダ内に a6 と
いう名前でフォルダを作成し保存しなさい。

◇免責事項◇

　本検定試験において記載されている企業名、製品名は、それぞれの企業の商標又は登録商標である。
　受検上の留意事項、設問内等では®、TM マークを明記しない。

令和3年度
第2回
ウェブデザイン技能検定

3 級

学科試験問題

R3 第1回

R3 第2回

R3 第3回

R2 第2回

R2 第3回

R2 第4回

◇受検上の注意◇

1. 試験会場では、技能検定委員の指示に従うこと。
2. 他受検者の受検を妨害する行為はしてはならない。イヤフォンおよび携帯電話やスマートウォッチの使用を禁止する。
3. 受検中に不正があった場合、また、技能検定委員に不正を指摘された場合、受検者は作業を中止して退場すること。
   水分補給の為、閉栓可能な飲料は持ち込み可能であるが、その飲料などが原因で解答用紙等に汚損等が発生した場合
   のトラブルは自己責任となるため注意すること。
4. 受検の際、机上には受検票、身分証明書類、筆記用具、閉栓可能な飲料のみ置くことができる。携帯電話やスマートウォ
   ッチなどの通信機器は机上には置かず、受検中は必ず電源を切っておくこと。携帯電話やスマートウォッチなどの通信機
   器を時計の代わりに利用することはできない。
5. 計時は、技能検定委員に説明された時計を利用すること。受検の際には、30分経過、受検終了10分前に技能検定委員
   からアナウンスを行う。
6. 受検中のトイレ、体調不良の際は必ず技能検定委員に申し出ること。所要時間については受検時間に含まれる。
7. 試験開始より30分を超え、制限時間内に試験を終了した場合、技能検定委員に試験終了の意思表示を行い、試験会場
   より退出することができる。ただし、再入場は認めない。
8. 退室は技能検定委員の指示に従うこと。
9. 解答用紙を試験会場から持ち出した場合は、無効となり不合格とする。
10. 試験問題は持ち帰ること。
11. その他、いかなる場合にも技能検定委員の指示に従って受検すること。

◇解答にあたっての注意◇

解答用紙の記入にあたり、次の指示に従うこと。指示に従わない場合には採点がされない場合があるので注意すること。

(1) 解答用紙はマークシート方式のため解答用紙に記された記入方法に従って記入すること。
(2) 問題用紙の「第 X 問」は解答用紙の「問 X」の欄にマークすること。
(3) 受検番号欄には、必ず受検票に記載されている学科用の受検番号を記入すること。
(4) 氏名欄には、必ず受検票に記載されている氏名を記入すること。
(5) 解答は濃度 HB 程度の鉛筆またはシャープペンシルを使用すること。解答を訂正する場合は消しゴムできれいに
    消し、消しくずを残さないようにすること。

◇学科試験 留意事項◇

1. Google Chrome、Mozilla Firefox、Microsoft Edge の最新安定版を指定ブラウザとする。
2. ハイパテキストマーク付け言語(HTML)については JIS X 4156:2000 (ISO/IEC15445:2000) および W3C(ワールド
   ワイドウェブコンソーシアム)HTML4.01 以降を対象とし、拡張可能なハイパテキストマーク付け言語(XHTML)はW3C
   XHTML 1.0 以降を対象とする。
3. 段階スタイルシート(CSS)については JIS X4168:2004 およびW3C CSS 2.1 以降を対象とする。
4. HTML5 についてはHTML Review Draft—Published 29 January 2020、CSS3 の各モジュールは 2021 年 4 月 1
   日の時点でW3Cにおいて勧告されているものを推奨する(https://www.w3.org/Style/CSS/ 参照)。
5. 問題文中に(X)HTMLファイルとある場合は、HTMLとXHTMLどちらを選んでもよい。また、HTML、XHTMLと明記し
   記述している場合はそれに従うこと。

1. 各設問において、正しいものは1を、間違っているものは2を、該当設問の解答欄に記せ。

第1問

CSS で「color: #ff0000;」と指定すると、指定された文字の色は青になる。

第2問

ul 要素の直下の子要素として ul 要素を配置することは、文法として認められている。

第3問

アスペクト比とは、画面の濃淡の比率のことである。

第4問

img 要素の alt 属性に指定すべき内容は「画像の説明」なので、検索のテキスト入力欄に img 要素で「虫眼鏡」のアイコンを使用しているのであれば、その代替テキストは「虫眼鏡」とするべきである。

第5問

ウェブサーバ内の不要になったファイルは、削除して残さないようすることもセキュリティ対策の 1 つである。

第6問

情報機器作業における疲れ目・眼精疲労は、目の症状だけではなく、首・肩・頭痛などの悩ましい関連症状を誘発させる。

第7問

一般的なウェブブラウザでは、progress 要素は作業の進捗状況を示すプログレスバーとして表示される。

第8問

様々なモノがネットワークを通じてサーバやクラウドサービスに接続され、相互に情報交換をする仕組みのことを指す IoT は、Internet of Tools の略である。

第9問

著作権は知的財産権のひとつであり、審査を経て登録されなければ権利は発生しない。

第10問

GIF 形式は、PNG 形式と同様に半透明の画像が作成できる。

2. 以下の設問に答えよ。

第 11 問

パソコンやスマートデバイスなどで、ウェブサイトのグラフィカルな閲覧や操作をするためのソフトウェアはどれか。最も適切なものを以下より 1 つ選択しなさい。

1. ターミナル
2. コンソール
3. ウェブブラウザ
4. エクスプローラ

第 12 問

テキストを太字にしたり標準の太さに戻すときに使用するプロパティはどれか。以下より 1 つ選択しなさい。

1. font-bold
2. font-style
3. font-width
4. font-weight

第 13 問

ユニバーサルデザインの説明として最も適切なものを以下より 1 つ選択しなさい。

1. 宇宙工学から生まれたデザイン手法
2. ビジュアルを重視したデザイン手法
3. 障害者にとって障壁となる様々な対象物を取り除くデザイン手法
4. できるだけ多くの人が利用できるように最初から設計するデザイン手法

第 14 問

インターネットにおけるフィッシング行為を規制している法律はどれか。以下より 1 つ選択しなさい。

1. 個人情報の保護に関する法律
2. 特定電子メールの送信の適正化等に関する法律
3. 不正アクセス行為の禁止等に関する法律
4. 高度情報通信ネットワーク社会形成基本法

第15問

次の HTML 内の表の枠線を図のように表示させるために必要な CSS を以下より1つ選択しなさい。

図

夏季オリンピック 初期の大会		
年	**開催都市**	**国**
1896	アテネ	ギリシャ
1900	パリ	フランス
1904	セントルイス	米国
1908	ロンドン	英国
1912	ストックホルム	スウェーデン
1920	アントワープ	ベルギー

HTML

```
<!DOCTYPE html>
<html>
<head>
<meta charset="utf-8">
<title>夏季オリンピック 初期の大会</title>
</head>
<body>
        <h1>夏季オリンピック 初期の大会</h1>
        <table>
            <tr><th>年</th><th>開催都市</th><th>国</th></tr>
            <tr><td>1896</td><td>アテネ</td><td>ギリシャ</td></tr>
            <tr><td>1900</td><td>パリ</td><td>フランス</td></tr>
            <tr><td>1904</td><td>セントルイス</td><td>米国</td></tr>
            <tr><td>1908</td><td>ロンドン</td><td>英国</td></tr>
            <tr><td>1912</td><td>ストックホルム</td><td>スウェーデン</td></tr>
            <tr><td>1920</td><td>アントワープ</td><td>ベルギー</td></tr>
        </table>
</body>
</html>
```

1.
```
table {
        border: 1px solid #000;
}
```

2.
```
table, td {
        border: 1px solid #000;
}
```

3.
```
table, th, td {
        border: 1px solid #000;
}
```

4.
```
table th td {
        border: 1px solid #000;
}
```

15

第 16 問

次の文章は、不正ログインに関するものである。　　A　　にあてはまる語句として適切なものを、以下より1つ選択しなさい。

> 複数のインターネットサービスで、同じユーザ ID・パスワードの組み合わせを使い回していると、　　A　　の被害にあいやすくなる。

1. セッションハイジャック
2. パスワードリスト攻撃
3. DDoS 攻撃
4. ドライブ バイ ダウンロード攻撃

第 17 問

内容が自己完結した1つの記事全体をマークアップするための要素はどれか。最も適切なものを以下より1つ選択しなさい。

1. div 要素
2. aside 要素
3. section 要素
4. article 要素

第 18 問

情報機器作業における照明および採光について、不適切なものを以下より1つ選択しなさい。

1. ディスプレイ画面の明るさ、書類及びキーボード面における明るさと周辺の明るさの差はなるべく大きくすること。
2. ディスプレイ画面に直接又は間接的に太陽光等が入射する場合は、必要に応じて窓にブラインド又はカーテン等を設け、適切な明るさとなるようにすること。
3. 間接照明等のグレア防止用照明器具を用いること。
4. 室内はできる限り明暗の対照が著しくなく、かつ、まぶしさを生じさせないようにすること。

第 19 問

補色の説明として、最も適切なものはどれか。以下より 1 つ選択しなさい。

1. 色相環において正反対に位置付けられる色の組み合わせ
2. 彩度において正反対に位置付けられる色の組み合わせ
3. 背景色と文字の色の組み合わせ
4. 背景色と画像の縁取りの色の組み合わせ

第 20 問

テキストの中の重要な部分をマークアップする際に使用すべき要素はどれか。最も適切なものを以下より 1 つ選択しなさい。

1. b 要素
2. u 要素
3. span 要素
4. strong 要素

第 21 問

JIS X8341-3 は、ウェブの何に関する指針か。最も適切なものを以下より 1 つ選択しなさい。

1. セキュリティ
2. ユーザビリティ
3. アクセシビリティ
4. ユーザエクスペリエンス

第 22 問

見出しと段落を含む範囲を引用する場合、その範囲全体をマークアップするために使用すべき要素はどれか。最も適切なものを以下より 1 つ選択しなさい。

1. q 要素
2. div 要素
3. section 要素
4. blockquote 要素

第 23 問

次の文章は、情報セキュリティに関するものである。　　A　　にあてはまる語句として適切なものを、以下より 1 つ選択しなさい。

> OS やアプリケーションソフト、ネットワークシステムなどにおいて、プログラムの不具合や設計ミスが原因となって生じた、セキュリティ上の弱点や欠陥のことを　　A　　という。

1. セキュリティターゲット
2. セキュリティホール
3. セキュリティパッチ
4. サイバーセキュリティ

第 24 問

データ通信機能を持ったスマートフォンやタブレットをアクセスポイントとして通信を中継することで、パソコンやゲーム機といったさまざまな外部機器でインターネットを利用できる方法を、以下より 1 つ選択しなさい。

1. ギャザリング
2. テザリング
3. ディザリング
4. ポタリング

第 25 問

input 要素の入力時にカレンダーを表示して、日付が選択できるようにしたい。このとき、type 属性に与える適切な値を、以下より 1 つ選択しなさい。

1. date
2. calendar
3. schedule
4. date-selector

※注意　マークシートに記載した氏名・受検番号を再度確認してください。学科試験と実技試験の受検番号は異なります。必ず学科用の受検番号を記入・マークしてください。間違いがある場合、採点されません。

◇免責事項◇

本検定試験において記載されている会社名、製品名は、それぞれの会社の商標もしくは登録商標である。設問内では®、TM マークを明記しない。

R3 第1回

R3 第2回

R3 第3回

R2 第2回

R2 第3回

R2 第4回

令和3年度
第2回
ウェブデザイン技能検定
3 級
実技試験問題

◇受検上の留意事項◇

1.試験会場では、技能検定委員の指示に従うこと。

2.実技試験用PCのOSはMicrosoft Windows 8以降である。OSやアプリケーションソフトの操作方法等についての質問への回答や補助など一切応じない。

3.本検定試験では、Google Chrome、Mozilla Firefox、Microsoft Edge(Internet Explorer11 は使用可能とするが非推奨とする)の最新安定版を指定ウェブブラウザとする。検定用PCにインストールされた本検定試験指定ソフトウェアは、TeraPad、サクラエディタ、Sublime Text、およびOSに標準で備えられているアクセサリソフトウェアとし、各データを処理するために適切なものを受検者各自で判断し使用すること。指定されたソフトウェア以外を利用して作業を行うことはできない。指定ソフトウェア以外を使用して作業を行った場合は不合格とする。検定用PCからインターネットへのアクセスができないことに十分注意すること。

4.受検中は、用具の貸し借り、PCおよびデータの交換、不正に持ち込んだデータの利用、検定用PCからインターネットへのアクセス、イヤフォンおよび携帯電話やスマートウォッチの使用、他受検者への妨害行為等を禁止する。水分補給の為、閉栓可能な飲料は持ち込み可能であるが、その飲料などが原因で機材等にトラブルが発生した場合は自己責任となるため注意すること。受検中に不正があった場合や技能検定委員に不正を指摘された場合、受検者は作業を中止して退場すること。なお、不正行為があった場合は、不合格とする。

5.受検の際、机上には受検票、身分証明書類、筆記用具、閉栓可能な飲料のみ置くことができる。携帯電話やスマートウォッチなどの通信機器は机上には置かず、受検中は必ず電源を切っておくこと。携帯電話やスマートウォッチなどの通信機器を時計の代わりに利用することはできない。

6.計時は、技能検定委員に説明された時計を利用すること。受検の際には、30分経過、受検終了10分前に技能検定委員からアナウンスを行う。開始より30分を超え、制限時間内に試験を終了した場合、技能検定委員に試験終了の意思表示を行い、試験会場より退出することができる。ただし、再入場は認めない。退室は技能検定委員の指示に従うこと。

7.受検中のトイレ、体調不良の際は必ず技能検定委員に申し出ること。所要時間については受検時間に含まれる。また、座席などを離れる場合、アプリケーション等の操作画面、ブラウザ画面などが表示されないよう留意すること。

8.検定用PCのトラブル等により作成中のデータが失われる場合もあるため、各自データ保存やバックアップに留意して作業を行うこと。受検中、検定用PCがフリーズするなど、機器にトラブルが発生し作業が中断した場合は、作業再開までの時間を技能検定委員が記録し、規定試験時間終了後も受検者は記録された時間を追加して作業の継続ができる。

9.制作した課題の著作権は試験主催者である、特定非営利活動法人インターネットスキル認定普及協会に帰属する。

10.その他、いかなる場合にも技能検定委員の指示に従って、受検すること。

◇解答にあたっての注意◇

1.『試験設備点検表および実技試験課題選択表』について、次の指示に従うこと。指示に従わない場合には採点されない場合があるので注意すること。

　(1) 受検番号欄には、必ず受検票に記載されている実技試験受検番号を記入すること。

　(2) 氏名欄には、必ず受検票に記載されている氏名を記入すること。

　(3) HB程度の鉛筆またはシャープペンシルを使用し、解答を訂正する場合は消しゴムできれいに消し、消しくずを残さないようにすること。

　(4) 『実技試験課題選択表』に選択した作業番号を必ず記入すること。

2. 受検票は技能検定委員が見やすいよう、試験時間中は必ず通路側の机上に提示しておくこと。

3. 試験時間終了時に、『試験設備点検表』および『実技試験課題選択表』を回収する。試験問題は持ち帰ること。

4. 作業を実施するにあたり、ソースなどをウェブブラウザで正しく表示されるように修正することが必要な場合がある。

5. 受検者は全6課題より、5課題を選択し、60分間で作業を完了させること。

6. 作業で利用する素材は、デスクトップ上のdata3フォルダで配布している。また、受検者はデスクトップ(または技能検定委員に指示された場所)のwd3フォルダに、課題に従いフォルダ、ソースファイルなどを配置し提出すること(wd3フォルダが作成されていない場合は受検者が作成すること)。なお、保存するデータは5課題分のみとし、不適切なデータの保存や不要なファイルがある場合は減点の対象となる。

7. 作成するファイル名には全角文字は使用せず、半角英数字のみとして、スペースなどを入れずに作成すること。またファイルのデータ形式、拡張子等にも留意すること。データの保存は問題で作成を指示されたフォルダに保存すること。

8. 本検定試験では、ハイパテキストマーク付け言語(HTML)については JIS X 4156:2000 (ISO/IEC15445:2000) および W3C(ワールドワイドウェブコンソーシアム)HTML4.01 以降を対象とし、拡張可能なハイパテキストマーク付け言語(XHTML)はW3C XHTML 1.0 以降を対象とする。段階スタイルシート(CSS)については JIS X 4168:2004 およびW3C CSS 2.1 以降を対象とする。ただし、HTML5についてはHTML Review Draft—Published 29 January 2020、CSS3 の各モジュールは 2021 年4月1日の時点でW3Cにおいて勧告されているものを推奨する(http://www.w3.org/Style/CSS/ 参照)。なお、素材に予め文書型宣言が記述してある場合は、それに従うこと。また、作成するHTMLファイルの文字コードはUTF-8にすること。

作業1〜6の中から5問を選択し、各設問の文章に従い作業を行うこと。
作業で利用する素材は、デスクトップ上のdata3フォルダのものを使用すること。
また、各設問の指示に従い、デスクトップ上のwd3フォルダにフォルダ、ソースファイルなどを配置し提出すること。wd3フォルダが作成されていない場合は受検者が作成すること。
すべての課題提出データは検定指定ウェブブラウザで正しく表示されること。

作業1：次の(1)〜(2)の作業を行いなさい。

(1) デスクトップ上のdata3フォルダのq1フォルダ内にある fs.jpg に従い、index.html、CSSファイル、画像等のソースファイルおよびディレクトリ構成を適切に訂正し完成させなさい。その際、必要に応じフォルダ等は作成し、CSSファイル、画像等が正しく適用されるよう、index.htmlおよびCSSファイルを編集すること。

(2) デスクトップ上のwd3フォルダ内にa1という名前でフォルダを作成し、フォルダおよびソースファイルを構成に留意して保存しなさい。

作業2：次の(1)〜(3)の作業を行いなさい。なお、次の(1)〜(3)で指示された箇所以外については変更する必要はない。

(1) デスクトップ上の data3 フォルダの q2 フォルダ内にある index.html、info.html、skilltest.html、form.html の nav 要素で指定されたエリアにあるグローバルナビゲーションの各要素に対して、対応する各ページへのリンクが正常に行われるようにしなさい。「ホーム」は index.html に、「協会情報」は info.html に、「試験概要」は skilltest.html に、「お問い合わせ」は form.html にそれぞれリンクを設定しなさい。その他は無視してよい。

(2) info.html、skilltest.html、form.html の main 要素内にある「A」、「B」、「C」の箇所をそれぞれのページタイトルと同じテキストに修正しなさい。

(3) 修正した index.html および表示に必要な他のファイル等とともに、デスクトップ上の wd3 フォルダ内に a2 という名前でフォルダを作成し保存しなさい。

作業3：次の(1)〜(2)の作業を行いなさい。

(1) デスクトップ上の data3 フォルダの q3 フォルダ内にある style.css を編集し、左に寄って配置されているコンテンツが中央に表示されるように変更しなさい。ここでいう中央とは、横方向の中央であって、縦方向の中央に配置する必要はない。

(2) 修正した style.css や index.html ファイルおよび表示に必要な他のファイル等とともに、デスクトップ上の wd3 フォルダ内に a3 という名前でフォルダを作成し保存しなさい。

R3 第1回
R3 第2回
R3 第3回
R2 第2回
R2 第3回
R2 第4回

作業4：次の(1)～(2)の作業を行いなさい。

(1) デスクトップ上の data3 フォルダの q4 フォルダ内にある style.css を編集して、h1 要素の背景の色を #504050、文字の色を #ffffff に変更しなさい。指定以外の要素は特に変更する必要はない。

(2) 修正した style.css や index.html ファイルおよび表示に必要な他のファイル等とともに、デスクトップ上の wd3 フォルダ内に a4 という名前でフォルダを作成し保存しなさい。

作業5：次の(1)～(2)の作業を行いなさい。

(1) デスクトップ上の data3 フォルダの q5 フォルダ内にある index.html の body 要素および id="wrap"が指定されている div 要素に、style.css を編集して、img.png での表示結果と同じとなるように背景画像を適用しなさい。背景画像は q5 フォルダ内の img フォルダより適切なものを選択し適用しなさい。なお、適用される背景画像以外の、検定指定ウェブブラウザ間の種類並びにバージョンの違いによる表示の僅かな異なりは、無視できるものとする。

(2) 修正した style.css や index.html ファイルおよび表示に必要な他のファイル等とともに、デスクトップ上の wd3 フォルダ内に a5 という名前でフォルダを作成し保存しなさい。

作業6：次の(1)～(2)の作業を行いなさい。

(1) デスクトップ上の data3 フォルダの q6 フォルダ内にある index.html の main 要素で指定されたエリアに、現在配置されているテキストを削除して、sample.txt に記載されている文章を配置し、ウェブページを更新しなさい。その際は文章をよく読み、h1 要素、h2 要素、p 要素、ol 要素、ul 要素のすべてをもれなく使用し構造化を行うこと。指定以外の要素については使用する必要はない。なお、各リスト項目の文頭につくマーカーについては、ol 要素、ul 要素のデフォルトのスタイルを適用させ実現すること。

(2) 修正した index.html および表示に必要な他のファイル等とともに、デスクトップ上の wd3 フォルダ内に a6 という名前でフォルダを作成し保存しなさい。

◇免責事項◇

本検定試験において記載されている企業名、製品名は、それぞれの企業の商標又は登録商標である。
受検上の留意事項、設問内等では®、TM マークを明記しない。

令和3年度
第3回
ウェブデザイン技能検定

3 級

学科試験問題

R3 第1回
R3 第2回
R3 第3回
R2 第2回
R2 第3回
R2 第4回

1. 各設問において、正しいものは1を、間違っているものは2を、該当設問の解答欄に記せ。

第1問

著作権侵害のコンテンツを、個人が開設するウェブサイトにアップロードしても、一定数のアクセスが無い限りは違法にはならない。

第2問

グローバル属性とは、すべての HTML 要素に指定できる属性である。

第3問

ラジオボタンは、相互に排他的な複数の選択項目の中から、ユーザに1項目だけ選択させる場合に用いられる。

第4問

作業者とディスプレイ間の視距離はおおむね40cm 以上確保できるようにすることが望ましい。

第5問

W3C 勧告となっている HTML Review Draft—Published 29 January 2020 において、div 要素は他に適切な要素がない場合に、最後の手段として使用すべき要素とされている。

第6問

CSS の仕様上、ボックスのマージン領域は常に透明であり、背景を表示させることはできない。

第7問

img 要素の alt 属性は指定することが必須の属性であり、値には1文字以上のテキストを必ず指定しなければならない。

第8問

CSS の単位「px」は、出力対象とする機器の画面における物理的な1ピクセルの大きさを1とする相対単位である。

第9問

スクリーンリーダーはフォントサイズに関係なく読み上げが可能であるため、ユーザが文字の大きさを変更できないようにしてもアクセシビリティ上の影響はない。

第10問

ワームとは独立したプログラムであり、自己を複製して拡散する性質を持つマルウェアのことである。

---

2. 以下の設問に答えよ。

第11問

次に示したのは、ウェブコンテンツJIS(JISX8341-3)のガイドライン1.1である。　A　にあてはまる語句として、最も適切なものを以下より1つ選択しなさい。

> 全ての　A　には、拡大印刷、点字、音声、シンボル、平易な言葉などの利用者が
> 必要とする形式に変換できるように、代替テキストを提供する。

1. 画像
2. 透明でない画像
3. テキストを含む画像
4. 非テキストコンテンツ

第12問

p要素の「p」は何が省略されたものか。以下より1つ選択しなさい。

1. parent
2. paragraph
3. phrasing content
4. preformatted text

第13問

ウェブサイトにアクセスしたユーザのウェブブラウザに、一時的にデータを書き込んで保存させる仕組みはどれか。以下より1つ選択しなさい。

1. リファラ
2. クッキー
3. キーロガー
4. マクロ

第 14 問

次のコードの下線部分を何というか。以下より 1 つ選択しなさい。

```
<button onclick="change()">詳細表示</button>
```

1. クリックハンドラ
2. チェンジハンドラ
3. イベントハンドラ
4. リセットハンドラ

第 15 問

HTML で定義されていない要素はどれか。以下より 1 つ選択しなさい。

1. a 要素
2. b 要素
3. c 要素
4. dd 要素

第 16 問

テキストを斜体にしたり、逆に斜体のテキストを標準状態に戻すときに使用するプロパティはどれか。以下より 1 つ選択しなさい。

1. font-slant
2. font-style
3. font-italic
4. font-weight

第 17 問

ファイルの転送やダウンロード時に、その進捗状況を視覚的・直感的に表示するものはどれか。以下より 1 つ選択しなさい。

1. スクロールバー
2. アドレスバー
3. プログレスバー
4. スライダー

第 18 問

次の記述が意味するものを以下より 1 つ選択しなさい。

HTML

```
<meta name="viewport" content="width=device-width, intial-scale=1.0">
```

1. コンテンツをデバイスの表示領域に合わせて 1 倍で表示するように指定している。
2. コンテンツをデバイスの表示領域を無視して本来のレイアウトに強制的に合わせるように指定している。
3. コンテンツをデバイスの表示領域が異なっても横幅固定の 320px 幅で表示するように指定している。
4. ユーザによるズーム機能を無効にするように指定している。

第 19 問

画像のファイルフォーマットのうち、非可逆圧縮方式のものはどれか。以下より 1 つ選択しなさい。

1. BMP
2. PNG
3. GIF
4. JPEG

第 20 問

コンピュータネットワークにおいて、SSH の仕組みを使ってファイルを転送するプロトコルはどれか。以下より 1 つ選択しなさい。

1. TLS
2. SFTP
3. SMTP
4. HTTP

第 21 問

HTML で重要な部分をマークアップする際に使用すべき要素はどれか。最も適切なものを以下より 1 つ選択しなさい。

1. b 要素
2. h3 要素
3. strong 要素
4. important 要素

第 22 問

子要素である各項目に順番のあるリストをマークアップする際に使用する要素はどれか。以下より 1 つ選択しなさい。

1. dl 要素
2. ol 要素
3. ul 要素
4. list 要素

第 23 問

光の三原色の 1 つである色を、以下より 1 つ選択しなさい。

1. 青
2. 白
3. 黄
4. 橙

第 24 問

要素内容として CSS を直接記述できる要素はどれか。以下より 1 つ選択しなさい。

1. css
2. link
3. source
4. style

27

第25問

次に示したのは、ユニバーサルデザインの基本コンセプトである。　A　にあてはまる語句として最も適切なものを、以下より1つ選択しなさい。

A　が利用可能であるようにデザインすること

1. 障害者や高齢者
2. 社会的弱者
3. 全体の80%の人々
4. できるだけ多くの人

※注意　マークシートに記載した氏名・受検番号を再度確認してください。学科試験と実技試験の受検番号は異なります。必ず学科用の受検番号を記入・マークしてください。間違いがある場合、採点されません。

◇免責事項◇

本検定試験において記載されている会社名、製品名は、それぞれの会社の商標もしくは登録商標である。設問内では®、TMマークを明記しない。

令和3年度
第3回
ウェブデザイン技能検定
3 級
実技試験問題

◇受検上の留意事項◇

1. 試験会場では、技能検定委員の指示に従うこと。

2. 実技試験用PCのOSはMicrosoft Windows 8以降である。OSやアプリケーションソフトの操作方法等についての質問への回答や補助など一切応じない。

3. 本検定試験では、Google Chrome、Mozilla Firefox、Microsoft Edge(Internet Explorer11 は使用可能とするが非推奨とする)の最新安定版を指定ウェブブラウザとする。検定用 PC にインストールされた本検定試験指定ソフトウェアは、TeraPad、サクラエディタ、Sublime Text、および OS に標準で備えられているアクセサリソフトウェアとし、各データを処理するために適切なものを受検者各自で判断し使用すること。指定されたソフトウェア以外を利用して作業を行うことはできない。指定ソフトウェア以外を使用して作業を行った場合は不合格とする。検定用 PC からインターネットへのアクセスができないことに十分注意すること。

4. 受検中は、用具の貸し借り、PCおよびデータの交換、不正に持ち込んだデータの利用、検定用PCからインターネットへのアクセス、イヤフォンおよび携帯電話やスマートウォッチの使用、他受検者への妨害行為等を禁止する。水分補給の為、閉栓可能な飲料は持ち込み可能であるが、その飲料などが原因で機材等にトラブルが発生した場合は自己責任となるため注意すること。受検中に不正があった場合や技能検定委員に不正を指摘された場合、受検者は作業を中止して退場すること。なお、不正行為があった場合は、不合格とする。

5. 受検の際、机上には受検票、身分証明書類、筆記用具、閉栓可能な飲料のみ置くことができる。携帯電話やスマートウォッチなどの通信機器は机上には置かず、受検中は必ず電源を切っておくこと。携帯電話やスマートウォッチなどの通信機器を時計の代わりに利用することはできない。

6. 計時は、技能検定委員に説明された時計を利用すること。受検の際には、30 分経過、受検終了 10 分前に技能検定委員からアナウンスを行う。開始より 30 分を超え、制限時間内に試験を終了した場合、技能検定委員に試験終了の意思表示を行い、試験会場より退出することができる。ただし、再入場は認めない。退室は技能検定委員の指示に従うこと。

7. 受検中のトイレ、体調不良の際は必ず技能検定委員に申し出ること。所要時間については受検時間に含まれる。また、座席などを離れる場合、アプリケーション等の操作画面、ブラウザ画面などが表示されないよう留意すること。

8. 検定用 PC のトラブル等により作成中のデータが失われる場合もあるため、各自データ保存やバックアップに留意して作業を行うこと。受検中、検定用 PC がフリーズするなど、機器にトラブルが発生し作業が中断した場合は、作業再開までの時間を技能検定委員が記録し、規定試験時間終了後も受検者は記録された時間を追加して作業の継続ができる。

9. 制作した課題の著作権は試験主催者である、特定非営利活動法人インターネットスキル認定普及協会に帰属する。

10. その他、いかなる場合にも技能検定委員の指示に従って、受検すること。

◇解答にあたっての注意◇

1. 『試験設備点検表および実技試験課題選択表』について、次の指示に従うこと。指示に従わない場合には採点されない場合があるので注意すること。
   (1) 受検番号欄には、必ず受検票に記載されている実技試験受検番号を記入すること。
   (2) 氏名欄には、必ず受検票に記載されている氏名を記入すること。
   (3) HB程度の鉛筆またはシャープペンシルを使用し、解答を訂正する場合は消しゴムできれいに消し、消しくずを残さないようにすること。
   (4) 『実技試験課題選択表』に選択した作業番号を必ず記入すること。

2. 受検票は技能検定委員が見やすいよう、試験時間中は必ず通路側の机上に提示しておくこと。

3. 試験時間終了時に、『試験設備点検表』および『実技試験課題選択表』を回収する。試験問題は持ち帰ること。

4. 作業を実施するにあたり、ソースなどをウェブブラウザで正しく表示されるように修正することが必要な場合がある。

5. 受検者は全 6 課題より、5 課題を選択し、60 分間で作業を完了させること。

6. 作業で利用する素材は、デスクトップ上のdata3フォルダで配布している。また、受検者はデスクトップ(または技能検定委員に指示された場所)のwd3フォルダに、課題に従いフォルダ、ソースファイルなどを配置し提出すること(wd3フォルダが作成されていない場合は受検者が作成すること)。なお、保存するデータは 5 課題分のみとし、不適切なデータの保存や不要なファイルがある場合は減点の対象となる。

7. 作成するファイル名には全角文字は使用せず、半角英数字のみとして、スペースなどを入れずに作成すること。またファイルのデータ形式、拡張子等にも留意すること。データの保存は問題で作成を指示されたフォルダに保存すること。

8. 本検定試験では、ハイパテキストマーク付け言語(HTML)については JIS X 4156:2000 (ISO/IEC15445:2000) および W3C(ワールドワイドウェブコンソーシアム)HTML4.01 以降を対象とし、拡張可能なハイパテキストマーク付け言語(XHTML)はW3C XHTML 1.0 以降を対象とする。段階スタイルシート(CSS)については JIS X4168:2004 およびW3C CSS 2.1 以降を対象とする。ただし、HTML5 についてはHTML Review Draft—Published 29 January 2020、CSS3 の各モジュールは 2021 年 4 月 1 日の時点でW3Cにおいて勧告されているものを推奨する(http://www.w3.org/Style/CSS/ 参照)。なお、素材に予め文書型宣言が記述してある場合は、それに従うこと。また、作成するHTMLファイルの文字コードはUTF-8 にすること。

作業 1～6 の中から 5 問を選択し、各設問の文章に従い作業を行うこと。

作業で利用する素材は、デスクトップ上のdata3フォルダのものを使用すること。

また、各設問の指示に従い、デスクトップ上のwd3フォルダにフォルダ、ソースファイルなどを配置し提出すること。wd3フォルダが作成されていない場合は受検者が作成すること。

すべての課題提出データは検定指定ウェブブラウザで正しく表示されること。

作業 1:次の(1)～(2)の作業を行いなさい。

(1) デスクトップ上のdata3フォルダのq1フォルダ内にある fs.jpg に従い、index.html、CSSファイル、画像等のソースファイルおよびディレクトリ構成を適切に訂正し完成させなさい。その際、必要に応じフォルダ等は作成し、CSSファイル、画像等が正しく適用されるよう、index.htmlおよびCSSファイルを編集すること。

(2) デスクトップ上のwd3フォルダ内にa1という名前でフォルダを作成し、フォルダおよびソースファイルを構成に留意して保存しなさい。

作業 2:次の(1)～(3)の作業を行いなさい。なお、次の(1)～(3)で指示された箇所以外については変更する必要はない。

(1) デスクトップ上の data3 フォルダの q2 フォルダ内にある index.html、info.html、app.html、faq.html の nav 要素で指定されたエリアにあるグローバルナビゲーションの各要素に対して、対応する各ページへのリンクが正常に行われるようにしなさい。「HOME」は index.html に、「競技概要」は info.html に、「参加申込」は app.html に、「FAQ」は faq.html にそれぞれリンクを設定しなさい。その他は無視してよい。

(2) info.html、app.html、faq.html の main 要素内にある「A」、「B」、「C」の箇所をそれぞれのページタイトルと同じテキストに修正しなさい。

(3) 修正した index.html および表示に必要な他のファイル等とともに、デスクトップ上の wd3 フォルダ内に a2 という名前でフォルダを作成し保存しなさい。

作業 3:次の(1)～(2)の作業を行いなさい。

(1) デスクトップ上の data3 フォルダの q3 フォルダ内にある style.css を編集し、左に寄って配置されているコンテンツが中央に表示されるように変更しなさい。ここでいう中央とは、横方向の中央であって、縦方向の中央に配置する必要はない。

(2) 修正した style.css や index.html ファイルおよび表示に必要な他のファイル等とともに、デスクトップ上の wd3 フォルダ内に a3 という名前でフォルダを作成し保存しなさい。

作業 4:次の(1)〜(2)の作業を行いなさい。

(1) デスクトップ上の data3 フォルダの q4 フォルダ内にある style.css を編集して、h1 要素の背景の色を #556699、文字の色を #ffffff に変更しなさい。指定以外の要素は特に変更する必要はない。

(2) 修正した style.css や index.html ファイルおよび表示に必要な他のファイル等とともに、デスクトップ上の wd3 フォルダ内に a4 という名前でフォルダを作成し保存しなさい。

作業 5:次の(1)〜(2)の作業を行いなさい。

(1) デスクトップ上の data3 フォルダの q5 フォルダ内にある index.html の body 要素および id="wrap"が指定されている div 要素に、style.css を編集して、img.png での表示結果と同じとなるように背景画像を適用しなさい。背景画像は q5 フォルダ内の img フォルダより適切なものを選択し適用しなさい。なお、適用される背景画像以外の、検定指定ウェブブラウザ間の種類並びにバージョンの違いによる表示の僅かな異なりは、無視できるものとする。

(2) 修正した style.css や index.html ファイルおよび表示に必要な他のファイル等とともに、デスクトップ上の wd3 フォルダ内に a5 という名前でフォルダを作成し保存しなさい。

作業 6:次の(1)〜(2)の作業を行いなさい。

(1) デスクトップ上の data3 フォルダの q6 フォルダ内にある index.html の main 要素で指定されたエリアに、現在配置されているテキストを削除して、sample.txt に記載されている文章を配置し、ウェブページを更新しなさい。その際は文章をよく読み、h1 要素、h2 要素、p 要素、ol 要素、ul 要素のすべてをもれなく使用し構造化を行うこと。指定以外の要素については使用する必要はない。なお、各リスト項目の文頭につくマーカーについては、ol 要素、ul 要素のデフォルトのスタイルを適用させ実現すること。

(2) 修正した index.html および表示に必要な他のファイル等とともに、デスクトップ上の wd3 フォルダ内に a6 という名前でフォルダを作成し保存しなさい。

◇免責事項◇

本検定試験において記載されている企業名、製品名は、それぞれの企業の商標又は登録商標である。
受検上の留意事項、設問内等では®、TM マークを明記しない。

R3 第1回
R3 第2回
R3 第3回
R2 第2回
R2 第3回
R2 第4回

令和２年度
第２回
ウェブデザイン技能検定

3 級

学科試験問題

◇受検上の注意◇

1. 試験会場では、技能検定委員の指示に従うこと。
2. 他受検者の受検を妨害する行為はしてはならない。
3. 受検中に不正があった場合、また、技能検定委員に不正を指摘された場合、受検者は作業を中止して退場すること。
4. 受検の際、机上には受検票、身分証明書類、筆記用具のみ置くことができる。携帯電話などの通信機器は机上には置かず、受検中は必ず電源を切っておくこと。携帯電話などの通信機器を時計の代わりに利用することはできない。
5. 計時は、技能検定委員に説明された時計を利用すること。受検の際には、30分経過、受検終了10分前に技能検定委員からアナウンスを行う。
6. 受検中のトイレ、体調不良の際は必ず技能検定委員に申し出ること。所要時間については受検時間に含まれる。
7. 試験開始より30分を超え、制限時間内に試験を終了した場合、技能検定委員に試験終了の意思表示を行い、試験会場より退出することができる。ただし、再入場は認めない。
8. 退室は技能検定委員の指示に従うこと。
9. 解答用紙を試験会場から持ち出した場合は、無効となり不合格とする。
10. 試験問題は持ち帰ること。
11. その他、いかなる場合にも技能検定委員の指示に従って受検すること。

◇解答にあたっての注意◇

解答用紙の記入にあたり、次の指示に従うこと。指示に従わない場合には採点がされない場合があるので注意すること。

(1) 解答用紙はマークシート方式のため解答用紙に記された記入方法に従って記入すること。
(2) 問題用紙の「第 X 問」は解答用紙の「問 X」の欄にマークすること。
(3) 受検番号欄には、必ず受検票に記載されている学科用の受検番号を記入すること。
(4) 氏名欄には、必ず受検票に記載されている氏名を記入すること。
(5) 解答は濃度 HB 程度の鉛筆またはシャープペンシルを使用すること。解答を訂正する場合は消しゴムできれいに消し、消しくずを残さないようにすること。

◇学科試験 留意事項◇

1. Google Chrome、Mozilla Firefox、Microsoft Edge の最新安定版を指定ブラウザとする。
2. ハイパテキストマーク付け言語(HTML)については JIS X 4156:2000 (ISO/IEC15445:2000) および W3C(ワールドワイドウェブコンソーシアム)HTML4.01 以降を対象とし、拡張可能なハイパテキストマーク付け言語(XHTML)はW3C XHTML 1.0 以降を対象とする。
3. 段階スタイルシート(CSS)については JIS X4168:2004 およびW3C CSS 2.1 以降を対象とする。
4. HTML5 についてはREC-html52-20171214、CSS3 の各モジュールは 2020 年 4 月 1 日の時点でW3Cにおいて勧告されているものを推奨する(http://www.w3.org/Style/CSS/ 参照)。
5. 問題文中に(X)HTMLファイルとある場合は、HTMLとXHTMLどちらを選んでもよい。また、HTML、XHTMLと明記し記述している場合はそれに従うこと。

1. 各設問において、正しいものは1を、間違っているものは2を、該当設問の解答欄に記せ。

第1問

HTML 5.2 では、タグの要素名を大文字で書くと文法エラーになる。

第2問

著作権は知的財産権のひとつであり、審査を経て登録されなければ権利は発生しない。

第3問

情報機器作業による心身への障害をもたらす大きな原因の一つは、「拘束的」な長時間に及ぶ作業によることから、特に作業時間の管理に留意することが重要である。

第4問

CSS の単位「px」は、出力対象とする機器の画面における物理的な1ピクセルの大きさを1とする相対単位である。

第5問

GIF 形式は、PNG 形式と同様に半透明の画像が作成できる。

第6問

header 要素は文書やセクションのヘッダを表す。

第7問

CSS の仕様上、ボックスのマージン領域は常に透明であり、背景を表示させることはできない。

第8問

スクリーンリーダーはフォントサイズに関係なく読み上げが可能であるため、ユーザが文字の大きさを変更できないようにしてもアクセシビリティ上の影響はない。

第9問

ワームとは独立したプログラムであり、自己を複製して拡散する性質を持つマルウェアのことである。

第10問

アスペクト比とは、画面の濃淡の比率のことである。

2. 以下の設問に答えよ。

第 11 問

p 要素の説明として適切なものはどれか。以下より 1 つ選択しなさい。

1. 一般的なブラウザでは、デフォルトで上下に1行分程度のすき間ができる。
2. デフォルトで行頭に 1 文字分の空白ができる。
3. 連絡先の表示に使用するための要素である。
4. 画像表示に使用する要素である。

第 12 問

補色の説明として、最も適切なものはどれか。以下より 1 つ選択しなさい。

1. 彩度において正反対に位置付けられる色の組み合わせ
2. 色相環において正反対に位置付けられる色の組み合わせ
3. 背景色と文字の色の組み合わせ
4. 背景色と画像の縁取りの色の組み合わせ

第 13 問

引用文をブロック単位でページ内に配置する際、その引用文全体はどの要素としてマークアップすべきか。最も適切なものを以下より 1 つ選択しなさい。

1. p
2. div
3. section
4. blockquote

第 14 問

HTML5 における table 要素に関する説明として適切なものはどれか。以下より 1 つ選択しなさい。

1. table 要素は廃止された。
2. table 要素はレイアウト目的でのみ使用できるようになった。
3. table 要素のボーダー関連の装飾は CSS で指定する。
4. table 要素の border 属性は廃止された。

第 15 問

　CSS で次のように margin プロパティの値を指定した場合、右のマージンは何ピクセルになるか。以下より 1 つ選択しなさい。

CSS
```
margin: 10px 20px 30px 40px;
```

1.　10px
2.　20px
3.　30px
4.　40px

第 16 問

　インターネットにおけるフィッシング行為を規制している法律はどれか。以下より 1 つ選択しなさい。

1.　個人情報の保護に関する法律
2.　不正アクセス行為の禁止等に関する法律
3.　特定電子メールの送信の適正化等に関する法律
4.　高度情報通信ネットワーク社会形成基本法

第 17 問

　次に示したのは、ウェブコンテンツ JIS(JIS X 8341-3) のガイドライン 2.1 である。　A　にあてはまる語句として適切なものを、以下より 1 つ選択しなさい。

2.1　A　操作可能のガイドライン

全ての機能を　A　から利用できるようにする。

1.　片手
2.　マウス
3.　キーボード
4.　タッチパネル

第18問

HTML5 で使用可能な要素はどれか。以下より1つ選択しなさい。

1. small
2. medium
3. big
4. large

第19問

要素内容として CSS を直接記述できる要素はどれか。以下より1つ選択しなさい。

1. css
2. link
3. style
4. source

第20問

次の文章は、情報セキュリティに関するものである。　A　にあてはまる語句として適切なものを、以下より1つ選択しなさい。

> OS やアプリケーションソフト、ネットワークシステムなどにおいて、プログラムの不具合や設計ミスが原因となって生じた、セキュリティ上の弱点や欠陥のことを　A　という。

1. セキュリティターゲット
2. セキュリティホール
3. セキュリティパッチ
4. サイバーセキュリティ

第21問

HTML5 の正しい DOCTYPE 宣言はどれか。以下より1つ選択しなさい。

1. `<doctype html>`
2. `<!doctype html>`
3. `<doctype html!>`
4. `<doctype html></doctype>`

令和2年度　第2回　試験問題

第22問

画像が表示できない環境では、img要素はどのように扱われるか。最も適切なものを以下より1つ選択しなさい。

1.　要素として存在しない状態となる。
2.　画像のパスとファイル名がコンテンツとして使用される。
3.　alt属性に指定されているテキストが画像の代わりとして使用される。
4.　img要素は要素内容のない空要素なので、そもそもコンテンツとしては扱われない。

第23問

画像のファイルフォーマットのうち、非可逆圧縮方式のものはどれか。以下より1つ選択しなさい。

1.　BMP
2.　PNG
3.　GIF
4.　JPEG

第24問

次のHTMLコードのinput要素で、図のようなスライダーのコントロールを表示したい。　A　に与える type属性値として正しいものはどれか。以下より1つ選択しなさい。

HTMLコード

```
<input type=" A ">
```

図

1.　slider
2.　slide-control
3.　variable-control
4.　range

37

第25問

次の文章の　A　にあてはまる語句として最も適切なものはどれか。以下より1つ選択しなさい。

> 製品やシステム、サービスの利用、もしくは予想された使い方によってもたらされる人々の知覚と反応のことを　A　という。

1. インタラクションデザイン
2. ユーザエクスペリエンス
3. ユーザインタフェース
4. コミュニケーションデザイン

※注意　マークシートに記載した氏名・受検番号を再度確認してください。学科試験と実技試験の受検番号は異なります。必ず学科用の受検番号を記入・マークしてください。間違いがある場合、採点されません。

◇免責事項◇

令和2年度

第2回

ウェブデザイン技能検定

3級

実技試験問題

◇受検上の留意事項◇

1. 試験会場では、技能検定委員の指示に従うこと。

2. 実技試験用PCのOSはMicrosoft Windows 8以降である。OSやアプリケーションソフトの操作方法等についての質問への回答や補助など一切応じない。

3. 本検定試験では、Google Chrome、Mozilla Firefox、Microsoft Edge(Internet Explorer11は使用可能とするが非推奨とする)の最新安定版を指定ウェブブラウザとする。検定用PCにインストールされた本検定試験指定ソフトウェアは、TeraPad、サクラエディタ、Sublime Text、およびOSに標準で備えられているアクセサリソフトウェアとし、各データを処理するために適切なものを受検者各自で判断し使用すること。指定されたソフトウェア以外を利用して作業を行うことはできない。指定ソフトウェア以外を使用して作業を行った場合は不合格とする。検定用PCからインターネットへのアクセスができないことに十分注意すること。

4. 受検中は、用具の貸し借り、PCおよびデータの交換、不正に持ち込んだデータの利用、検定用PCからインターネットへのアクセス、他受検者への妨害行為等を禁止する。受検中に不正があった場合や技能検定委員に不正を指摘された場合、受検者は作業を中止して退場すること。なお、不正行為があった場合は、不合格とする。

5. 受検の際、机上には受検票、身分証明書類、筆記用具のみ置くことができる。携帯電話などの通信機器は机上には置かず、受検中は必ず電源を切っておくこと。携帯電話などの通信機器を時計の代わりに利用することはできない。

6. 計時は、技能検定委員に説明された時計を利用すること。受検の際には、30分経過、受検終了10分前に技能検定委員からアナウンスを行う。開始より30分を超え、制限時間内に試験を終了した場合、技能検定委員に試験終了の意思表示を行い、試験会場より退出することができる。ただし、再入場は認めない。退室は技能検定委員の指示に従うこと。

7. 受検中のトイレ、体調不良の際は必ず技能検定委員に申し出ること。所要時間については受検時間に含まれる。また、座席などを離れる場合、アプリケーション等の操作画面、ブラウザ画面などが表示されないよう留意すること。

8. 検定用PCのトラブル等により作成中のデータが失われる場合もあるため、各自データ保存やバックアップに留意して作業を行うこと。受検中、検定用PCがフリーズするなど、機器にトラブルが発生し作業が中断した場合は、作業再開までの時間を技能検定委員が記録し、規定試験時間終了後も受検者は記録された時間を追加して作業の継続ができる。

9. 制作した課題の著作権は試験主催者である、特定非営利活動法人インターネットスキル認定普及協会に帰属する。

10. その他、いかなる場合にも技能検定委員の指示に従って、受検すること。

◇解答にあたっての注意◇

1. 『試験設備点検表および実技試験課題選択表』について、次の指示に従うこと。指示に従わない場合には採点されない場合があるので注意すること。

　(1) 受検番号欄には、必ず受検票に記載されている実技試験受検番号を記入すること。

　(2) 氏名欄には、必ず受検票に記載されている氏名を記入すること。

　(3) HB程度の鉛筆またはシャープペンシルを使用し、解答を訂正する場合は消しゴムできれいに消し、消しくずを残さないようにすること。

　(4) 『実技試験課題選択表』に選択した作業番号を必ず記入すること。

2. 受検票は技能検定委員が見やすいよう、試験時間中は必ず通路側の机上に提示しておくこと。

3. 試験時間終了時に、『試験設備点検表』および『実技試験課題選択表』を回収する。試験問題は持ち帰ること。

4. 作業を実施するにあたり、ソースなどをウェブブラウザで正しく表示されるように修正することが必要な場合がある。

5. 受検者は全6課題より、5課題を選択し、60分間で作業を完了させること。

6. 作業で利用する素材は、デスクトップ上のdata3フォルダで配布している。また、受検者はデスクトップ(または技能検定委員に指示された場所)のwd3フォルダに、課題に従いフォルダ、ソースファイルなどを配置し提出すること(wd3フォルダが作成されていない場合は受検者が作成すること)。なお、保存するデータは5課題分のみとし、不適切なデータの保存や不要なファイルがある場合は減点の対象となる。

7. 作成するファイル名には全角文字は使用せず、半角英数字のみとして、スペースなどを入れずに作成すること。またファイルのデータ形式、拡張子等にも留意すること。データの保存は問題で作成を指示されたフォルダに保存すること。

8. 本検定試験では、ハイパテキストマーク付け言語(HTML)については JIS X 4156:2000 (ISO/IEC15445:2000) および W3C(ワールドワイドウェブコンソーシアム)HTML4.01以降を対象とし、拡張可能なハイパテキストマーク付け言語(XHTML)はW3C XHTML 1.0以降を対象とする。段階スタイルシート(CSS)については JIS X4168:2004 およびW3C CSS 2.1以降を対象とする。ただし、HTML5についてはREC-html52-20171214、CSS3の各モジュールは2020年4月1日の時点でW3Cにおいて勧告されているものを推奨する(http://www.w3.org/Style/CSS/ 参照)。なお、素材に予め文書型宣言が記述してある場合は、それに従うこと。また、作成するHTMLファイルの文字コードはUTF-8にすること。

作業1～6の中から5問を選択し、各設問の文章に従い作業を行うこと。
作業で利用する素材は、デスクトップ上のdata3フォルダのものを使用すること。
また、各設問の指示に従い、デスクトップ上のwd3フォルダにフォルダ、ソースファイルなどを配置し提出
すること。wd3フォルダが作成されていない場合は受検者が作成すること。
すべての課題提出データは検定指定ウェブブラウザで正しく表示されること。

作業1：次の(1)～(2)の作業を行いなさい。

(1) デスクトップ上のdata3フォルダのq1フォルダ内にある fs.jpg に従い、index.html、CSSファイル、画像等の
ソースファイルおよびディレクトリ構成を適切に訂正し完成させなさい。その際、必要に応じフォルダ等は作成し、
CSSファイル、画像等が正しく適用されるよう、index.htmlおよびCSSファイルを編集すること。

(2) デスクトップ上のwd3フォルダ内にa1という名前でフォルダを作成し、フォルダおよびソースファイルを構成に
留意して保存しなさい。

作業2：次の(1)～(3)の作業を行いなさい。なお、次の(1)～(3)で指示された箇所以外については変更する必要は
ない。

(1) デスクトップ上のdata3フォルダのq2フォルダ内にあるindex.html、info.html、app.html、faq.htmlのnav
要素で指定されたエリアにあるグローバルナビゲーションの各要素に対して、対応する各ページへのリンクが正
常に行われるようにしなさい。「HOME」はindex.html に、「競技概要」はinfo.html に、「参加申込」は
app.html に、「FAQ」はfaq.html にそれぞれリンクを設定しなさい。その他は無視してよい。

(2) info.html、app.html、faq.htmlのmain要素内にある「A」、「B」、「C」の箇所をそれぞれのページタイトルと
同じテキストに修正しなさい。

(3) 修正したindex.htmlおよび表示に必要な他のファイル等とともに、デスクトップ上のwd3フォルダ内にa2と
いう名前でフォルダを作成し保存しなさい。

作業3：次の(1)～(2)の作業を行いなさい。

(1) デスクトップ上のdata3フォルダのq3フォルダ内にあるstyle.cssを編集し、左に寄って配置されているコンテ
ンツが中央に表示されるように変更しなさい。ここでいう中央とは、横方向の中央であって、縦方向の中央に配
置する必要はない。

(2) 修正したstyle.cssやindex.htmlファイルおよび表示に必要な他のファイル等とともに、デスクトップ上のwd3
フォルダ内にa3という名前でフォルダを作成し保存しなさい。

作業 4：次の(1)～(2)の作業を行いなさい。

(1) デスクトップ上の data3 フォルダの q4 フォルダ内にある style.css を編集して、h1 要素の背景の色を #331100、文字の色を #ffffff に変更しなさい。指定以外の要素は特に変更する必要はない。

(2) 修正した style.css や index.html ファイルおよび表示に必要な他のファイル等とともに、デスクトップ上の wd3 フォルダ内に a4 という名前でフォルダを作成し保存しなさい。

作業 5：次の(1)～(2)の作業を行いなさい。

(1) デスクトップ上の data3 フォルダの q5 フォルダ内にある index.html の body 要素および id="wrap" が指定されている div 要素に、style.css を編集して、img.png での表示結果と同じとなるように背景画像を適用しなさい。背景画像は q5 フォルダ内の img フォルダより適切なものを選択し適用しなさい。なお、適用される背景画像以外の、検定指定ウェブブラウザ間の種類並びにバージョンの違いによる表示の僅かな異なりは、無視できるものとする。

(2) 修正した style.css や index.html ファイルおよび表示に必要な他のファイル等とともに、デスクトップ上の wd3 フォルダ内に a5 という名前でフォルダを作成し保存しなさい。

作業 6：次の(1)～(2)の作業を行いなさい。

(1) デスクトップ上の data3 フォルダの q6 フォルダ内にある index.html の main 要素で指定されたエリアに、現在配置されているテキストを削除して、sample.txt に記載されている文章を配置し、ウェブページを更新しなさい。その際は文章をよく読み、h1 要素、h2 要素、p 要素、ol 要素、ul 要素のすべてをもれなく使用し構造化を行うこと。指定以外の要素については使用する必要はない。なお、各リスト項目の文頭につくマーカーについては、ol 要素、ul 要素のデフォルトのスタイルを適用させ実現すること。

(2) 修正した index.html および表示に必要な他のファイル等とともに、デスクトップ上の wd3 フォルダ内に a6 という名前でフォルダを作成し保存しなさい。

◇免責事項◇

本検定試験において記載されている企業名、製品名は、それぞれの企業の商標又は登録商標である。
受検上の留意事項、設問内等では®、TM マークを明記しない。

令和2年度
第3回
ウェブデザイン技能検定

3 級

学科試験問題

R3 第1回
R3 第2回
R3 第3回
R2 第2回
R2 第3回
R2 第4回

1. 各設問において、正しいものは1を、間違っているものは2を、該当設問の解答欄に記せ。

第1問

JPEG 形式では、ブロックノイズやモスキートノイズが発生する場合がある。

第2問

h1 要素は、文法的には p 要素の内部に配置することができる。

第3問

ディスプレイを用いる場合のディスプレイ画面上における照度は 500 ルクス以下、書類上及びキーボード上における照度は 300 ルクス以上を目安とし、作業しやすい照度とすること。

第4問

いかなる通信環境においても、インターネットにおける通信速度に差異はない。

第5問

テレワークを行う場合、「情報機器作業における労働衛生管理のためのガイドライン(厚生労働省)」の推奨基準と同等の作業管理や作業環境を設定することが望ましい。

第6問

非可逆圧縮では、圧縮データを復号しても、圧縮前のデータを完全に復元することはできない

第7問

著作権侵害のコンテンツを、個人が開設するウェブサイトにアップロードしても、一定数のアクセスが無い限りは違法にはならない。

第8問

HTML5 では、alt="" のように img 要素の alt 属性の値を空にすると文法エラーとなる。

第9問

ラジオボタンは、相互に排他的な複数の選択項目の中から、ユーザに 1 項目だけ選択させる場合に用いられる。

第10問

HTML5 の img 要素において、指定が必須となっている属性は、src 属性、width 属性、height 属性の 3 つである。

2. 以下の設問に答えよ。

第 11 問

光の三原色である色を、以下より 1 つ選択しなさい。

1. 青
2. 白
3. 黄
4. 橙

第 12 問

テキストの前景色を指定する際に使用するプロパティはどれか。以下より 1 つ選択しなさい。

1. color
2. border-color
3. outline-color
4. foreground-color

第 13 問

ul 要素、ol 要素、li 要素の要素名に共通して含まれる「 l 」は何をあらわしているか。以下より 1 つ選択しなさい。

1. link
2. lead
3. list
4. label

第 14 問

h1 要素・h2 要素・h3 要素・h4 要素・h5 要素・h6 要素の要素名に共通して含まれる数字は何をあらわしているか。最も適切なものを以下より 1 つ選択しなさい。

1. 使用する順番
2. 見出しの階層
3. 見出しの大きさ
4. xx-small〜xx-large であらわされるサイズ

第 15 問

次の HTML を図のように表示させるための default.css はどれか。以下より 1 つ選択しなさい。

図

HTML

```
<!DOCTYPE html>
<html>
<head>
<meta charset="utf-8">
<title>ウェブデザイン技能検定</title>
<link rel="stylesheet" href="default.css">
</head>
<body>
<header>
    <h1>ウェブデザイン技能検定</h1>
</header>
<div id="content">
    <main>
        <h2>ウェブデザイン技能検定とは</h2>
        <p>「ウェブデザイン」技能検定ではウェブデザインの関連標準規格に基づき実技および
学科試験にて評価します。</p>
    </main>
    <footer>ウェブデザイン技能検定 2020</footer>
</div>
</body>
</html>
```

1.
```
#content {
        width: 800px;
        color: #FFF;
}
main {
        background-color: #888;
        padding: 10px;
}
footer {
        text-indent: center;
}
```

2.
```
#content {
        width: 800px;
}
main {
        background-color: #888;
        padding: 10px;
}
footer {
        background-color: #000;
        text-align: center;
}
```

3.
```
#content {
        width: 800px;
        color: #FFF;
}
main {
        background-color: #888;
        padding: 10px;
}
footer {
        background-color: #000;
        text-indent: center;
}
```

4.
```
#content {
        width: 800px;
        color: #FFF;
}
main {
        background-color: #888;
        padding: 10px;
}
footer {
        background-color: #000;
        text-align: center;
}
```

第 16 問

　次の文章は、不正ログインに関するものである。　A　にあてはまる語句として適切なものを、以下より1つ選択しなさい。

> 複数のインターネットサービスで、同じユーザ ID・パスワードの組み合わせを使い回していると、　A　の被害にあいやすくなる。

1. セッションハイジャック
2. パスワードリスト攻撃
3. ドライブバイダウンロード攻撃
4. DDoS 攻撃

第 17 問

　次に示したのは、ユニバーサルデザインの基本コンセプトである。　A　にあてはまる語句として最も適切なものを、以下より1つ選択しなさい。

> 　A　が利用可能であるようにデザインすること

1. できるだけ多くの人
2. 全体の 80%の人々
3. 障害者や高齢者
4. 社会的弱者

第 18 問

　次の1行目と2行目の要素の左右の関係が同じだとすると、　A　に入れるべき要素はどれか。以下より1つ選択しなさい。

span	div
q	A

1. nav
2. cite
3. address
4. blockquote

第 19 問

　ウェブサイトにアクセスしたユーザのウェブブラウザに、一時的にデータを書き込んで保存させる仕組みはどれか以下より1つ選択しなさい。

1. キャンディ
2. クッキー
3. キーロガー
4. マクロ

第 20 問

　コンピュータネットワークにおいて、SSHの仕組みを使ってファイルを転送するプロトコルはどれか。以下より1つ選択しなさい。

1. TLS
2. SFTP
3. SMTP
4. HTTP

第 21 問

　CSSのボックスにおけるwidthプロパティとheightプロパティの適用対象範囲を変更するプロパティはどれか。以下より1つ選択しなさい。

1. margin-sizing
2. box-sizing
3. border-box
4. content-box

第 22 問

　商標権について適切な説明はどれか。以下より1つ選択しなさい。

1. 登録の有無にかかわらず、先に使用した時点で権利が発生する。
2. 登録された日から10年間法的に保護されるが、更新はできない。
3. 知的財産権の一つである。
4. 出願および登録は法人のみ可能である。

第23問

子要素として caption 要素を含むことができる要素はどれか。以下より1つ選択しなさい。

1. table 要素
2. figure 要素
3. details 要素
4. fieldset 要素

第24問

斜体で表示されているテキストを標準状態に戻すときに使用するプロパティはどれか。以下より1つ選択しなさい。

1. font-style
2. font-weight
3. font-italic
4. font-oblique

第25問

HTML はコンピュータ言語のうちのどの言語に該当するか。最も適切なものを以下より1つ選択しなさい。

1. 自然言語
2. スクリプト言語
3. マークアップ言語
4. プログラミング言語

※注意　マークシートに記載した氏名・受検番号を再度確認してください。学科試験と実技試験の受検番号は異なります。必ず学科用の受検番号を記入・マークしてください。間違いがある場合、採点されません。

◇免責事項◇

本検定試験において記載されている会社名、製品名は、それぞれの会社の商標もしくは登録商標である。設問内では®、TMマークを明記しない。

令和2年度

第3回

ウェブデザイン技能検定

3級

実技試験問題

◇受検上の留意事項◇

1. 試験会場では、技能検定委員の指示に従うこと。

2. 実技試験用PCのOSはMicrosoft Windows 8以降である。OSやアプリケーションソフトの操作方法等についての質問への回答や補助など一切応じない。

3. 本検定試験では、Google Chrome、Mozilla Firefox、Microsoft Edge(Internet Explorer11は使用可能とするが非推奨とする)の最新安定版を指定ウェブブラウザとする。検定用PCにインストールされた本検定試験指定ソフトウェアは、TeraPad、サクラエディタ、Sublime Text、およびOSに標準で備えられているアクセサリソフトウェアとし、各データを処理するために適切なものを受検者各自で判断し使用すること。指定されたソフトウェア以外を利用して作業を行うことはできない。指定ソフトウェア以外を使用して作業を行った場合は不合格とする。検定用PCからインターネットへのアクセスができないことに十分注意すること。

4. 受検中は、用具の貸し借り、PCおよびデータの交換、不正に持ち込んだデータの利用、検定用PCからインターネットへのアクセス、他受検者への妨害行為等を禁止する。受検中に不正があった場合や技能検定委員に不正を指摘された場合、受検者は作業を中止して退場すること。なお、不正行為があった場合は、不合格とする。

5. 受検の際、机上には受検票、身分証明書類、筆記用具のみ置くことができる。携帯電話などの通信機器は机上には置かず、受検中は必ず電源を切っておくこと。携帯電話などの通信機器を時計の代わりに利用することはできない。

6. 計時は、技能検定委員に説明された時計を利用すること。受検の際には、30分経過、受検終了10分前に技能検定委員からアナウンスを行う。開始より30分を超え、制限時間内に試験を終了した場合、技能検定委員に試験終了の意思表示を行い、試験会場より退出することができる。ただし、再入場は認めない。退室は技能検定委員の指示に従うこと。

7. 受検中のトイレ、体調不良の際は必ず技能検定委員に申し出ること。所要時間については受検時間に含まれる。また、座席などを離れる場合、アプリケーション等の操作画面、ブラウザ画面などが表示されないよう留意すること。

8. 検定用PCのトラブル等により作成中のデータが失われる場合もあるため、各自データ保存やバックアップに留意して作業を行うこと。受検中、検定用PCがフリーズするなど、機器にトラブルが発生し作業が中断した場合は、作業再開までの時間を技能検定委員が記録し、規定試験時間終了後も受検者は記録された時間を追加して作業の継続ができる。

9. 制作した課題の著作権は試験主催者である、特定非営利活動法人インターネットスキル認定普及協会に帰属する。

10. その他、いかなる場合にも技能検定委員の指示に従って、受検すること。

◇解答にあたっての注意◇

1. 『試験設備点検表および実技試験課題選択表』について、次の指示に従うこと。指示に従わない場合には採点されない場合があるので注意すること。

  (1) 受検番号欄には、必ず受検票に記載されている実技試験受検番号を記入すること。

  (2) 氏名欄には、必ず受検票に記載されている氏名を記入すること。

  (3) HB程度の鉛筆またはシャープペンシルを使用し、解答を訂正する場合は消しゴムできれいに消し、消しくずを残さないようにすること。

  (4) 『実技試験課題選択表』に選択した作業番号を必ず記入すること。

2. 受検票は技能検定委員が見やすいよう、試験時間中は必ず通路側の机上に提示しておくこと。

3. 試験時間終了時に、『試験設備点検表』および『実技試験課題選択表』を回収する。試験問題は持ち帰ること。

4. 作業を実施するにあたり、ソースなどをウェブブラウザで正しく表示されるように修正することが必要な場合がある。

5. 受検者は全6課題より、5課題を選択し、60分間で作業を完了させること。

6. 作業で利用する素材は、デスクトップ上のdata3フォルダで配布している。また、受検者はデスクトップ(または技能検定委員に指示された場所)のwd3フォルダに、課題に従いフォルダ、ソースファイルなどを配置し提出すること(wd3フォルダが作成されていない場合は受検者が作成すること)。なお、保存するデータは5課題分のみとし、不適切なデータの保存や不要なファイルがある場合は減点の対象となる。

7. 作成するファイル名には全角文字は使用せず、半角英数字のみとして、スペースなどを入れずに作成すること。またファイルのデータ形式、拡張子等にも留意すること。データの保存は問題で作成を指示されたフォルダに保存すること。

8. 本検定試験では、ハイパテキストマーク付け言語(HTML)については JIS X 4156:2000 (ISO/IEC15445:2000) および W3C(ワールドワイドウェブコンソーシアム)HTML4.01以降を対象とし、拡張可能なハイパテキストマーク付け言語(XHTML)はW3C XHTML 1.0以降を対象とする。段階スタイルシート(CSS)については JIS X4168:2004 およびW3C CSS 2.1以降を対象とする。ただし、HTML5についてはREC-html52-20171214、CSS3の各モジュールは2020年4月1日の時点でW3Cにおいて勧告されているものを推奨する(http://www.w3.org/Style/CSS/ 参照)。なお、素材に予め文書型宣言が記述してある場合は、それに従うこと。また、作成するHTMLファイルの文字コードはUTF-8にすること。

作業 1～6 の中から 5 問を選択し、各設問の文章に従い作業を行うこと。

作業で利用する素材は、デスクトップ上の data3 フォルダのものを使用すること。

また、各設問の指示に従い、デスクトップ上の wd3 フォルダにフォルダ、ソースファイルなどを配置し提出すること。wd3 フォルダが作成されていない場合は受検者が作成すること。

すべての課題提出データは検定指定ウェブブラウザで正しく表示されること。

作業 1：次の(1)～(2)の作業を行いなさい。

(1) デスクトップ上の data3 フォルダの q1 フォルダ内にある fs.jpg に従い、index.html、CSSファイル、画像等のソースファイルおよびディレクトリ構成を適切に訂正し完成させなさい。その際、必要に応じフォルダ等は作成し、CSSファイル、画像等が正しく適用されるよう、index.htmlおよびCSSファイルを編集すること。

(2) デスクトップ上の wd3 フォルダ内に a1 という名前でフォルダを作成し、フォルダおよびソースファイルを構成に留意して保存しなさい。

作業 2：次の(1)～(3)の作業を行いなさい。なお、次の(1)～(3)で指示された箇所以外については変更する必要はない。

(1) デスクトップ上の data3 フォルダの q2 フォルダ内にある index.html、info.html、skilltest.html、form.html の nav 要素で指定されたエリアにあるグローバルナビゲーションの各要素に対して、対応する各ページへのリンクが正常に行われるようにしなさい。「ホーム」は index.html に、「協会情報」は info.html に、「試験概要」は skilltest.html に、「お問い合わせ」は form.html にそれぞれリンクを設定しなさい。その他は無視してよい。

(2) info.html、skilltest.html、form.html の main 要素内にある「A」、「B」、「C」の箇所をそれぞれのページタイトルと同じテキストに修正しなさい。

(3) 修正した index.html および表示に必要な他のファイル等とともに、デスクトップ上の wd3 フォルダ内に a2 という名前でフォルダを作成し保存しなさい。

作業 3：次の(1)～(2)の作業を行いなさい。

(1) デスクトップ上の data3 フォルダの q3 フォルダ内にある style.css を編集し、左に寄って配置されているコンテンツが中央に表示されるように変更しなさい。ここでいう中央とは、横方向の中央であって、縦方向の中央に配置する必要はない。

(2) 修正した style.css や index.html ファイルおよび表示に必要な他のファイル等とともに、デスクトップ上の wd3 フォルダ内に a3 という名前でフォルダを作成し保存しなさい。

作業 4 : 次の(1)～(2)の作業を行いなさい。

(1) デスクトップ上の data3 フォルダの q4 フォルダ内にある style.css を編集して、h1 要素の背景の色を #203070、文字の色を #ffffff に変更しなさい。指定以外の要素は特に変更する必要はない。

(2) 修正した style.css や index.html ファイルおよび表示に必要な他のファイル等とともに、デスクトップ上の wd3 フォルダ内に a4 という名前でフォルダを作成し保存しなさい。

作業 5 : 次の(1)～(2)の作業を行いなさい。

(1) デスクトップ上の data3 フォルダの q5 フォルダ内にある index.html の body 要素および id="wrap" が指定されている div 要素に、style.css を編集して、img.png での表示結果と同じとなるように背景画像を適用しなさい。背景画像は q5 フォルダ内の img フォルダより適切なものを選択し適用しなさい。なお、適用される背景画像以外の、検定指定ウェブブラウザ間の種類並びにバージョンの違いによる表示の僅かな異なりは、無視できるものとする。

(2) 修正した style.css や index.html ファイルおよび表示に必要な他のファイル等とともに、デスクトップ上の wd3 フォルダ内に a5 という名前でフォルダを作成し保存しなさい。

作業 6 : 次の(1)～(2)の作業を行いなさい。

(1) デスクトップ上の data3 フォルダの q6 フォルダ内にある index.html の main 要素で指定されたエリアに、現在配置されているテキストを削除して、sample.txt に記載されている文章を配置し、ウェブページを更新しなさい。その際は文章をよく読み、h1 要素、h2 要素、p 要素、ol 要素、ul 要素のすべてをもれなく使用し構造化を行うこと。指定以外の要素については使用する必要はない。なお、各リスト項目の文頭につくマーカーについては、ol 要素、ul 要素のデフォルトのスタイルを適用させ実現すること。

(2) 修正した index.html および表示に必要な他のファイル等とともに、デスクトップ上の wd3 フォルダ内に a6 という名前でフォルダを作成し保存しなさい。

◇免責事項◇

R3 第1回
R3 第2回
R3 第3回
R2 第2回
R2 第3回
R2 第4回

令和2年度
第4回
ウェブデザイン技能検定

3 級

学科試験問題

◇受検上の注意◇
1. 試験会場では、技能検定委員の指示に従うこと。
2. 他受検者の受検を妨害する行為はしてはならない。
3. 受検中に不正があった場合、また、技能検定委員に不正を指摘された場合、受検者は作業を中止して退場すること。水分補給の為、閉栓可能な飲料は持ち込み可能であるが、その飲料などが原因で解答用紙等に汚損等が発生した場合のトラブルは自己責任となるため注意すること。
4. 受検の際、机上には受検票、身分証明書類、筆記用具、閉栓可能な飲料のみ置くことができる。携帯電話などの通信機器は机上には置かず、受検中は必ず電源を切っておくこと。携帯電話などの通信機器を時計の代わりに利用することはできない。
5. 計時は、技能検定委員に説明された時計を利用すること。受検の際には、30分経過、受検終了10分前に技能検定委員からアナウンスを行う。
6. 受検中のトイレ、体調不良の際は必ず技能検定委員に申し出ること。所要時間については受検時間に含まれる。
7. 試験開始より30分を超え、制限時間内に試験を終了した場合、技能検定委員に試験終了の意思表示を行い、試験会場より退出することができる。ただし、再入場は認めない。
8. 退室は技能検定委員の指示に従うこと。
9. 解答用紙を試験会場から持ち出した場合は、無効となり不合格とする。
10. 試験問題は持ち帰ること。
11. その他、いかなる場合にも技能検定委員の指示に従って受検すること。

◇解答にあたっての注意◇
解答用紙の記入にあたり、次の指示に従うこと。指示に従わない場合には採点がされない場合があるので注意すること。
  (1) 解答用紙はマークシート方式のため解答用紙に記された記入方法に従って記入すること。
  (2) 問題用紙の「第 X 問」は解答用紙の「問 X」の欄にマークすること。
  (3) 受検番号欄には、必ず受検票に記載されている学科用の受検番号を記入すること。
  (4) 氏名欄には、必ず受検票に記載されている氏名を記入すること。
  (5) 解答は濃度 HB 程度の鉛筆またはシャープペンシルを使用すること。解答を訂正する場合は消しゴムできれいに消し、消しくずを残さないようにすること。

◇学科試験 留意事項◇
1. Google Chrome、Mozilla Firefox、Microsoft Edge の最新安定版を指定ブラウザとする。
2. ハイパテキストマーク付け言語(HTML)については JIS X 4156:2000 (ISO/IEC15445:2000) および W3C(ワールドワイドウェブコンソーシアム)HTML4.01 以降を対象とし、拡張可能なハイパテキストマーク付け言語(XHTML)はW3C XHTML 1.0 以降を対象とする。
3. 段階スタイルシート(CSS)については JIS X4168:2004 およびW3C CSS 2.1 以降を対象とする。
4. HTML5 についてはREC-html52-20171214、CSS3 の各モジュールは 2020 年 4 月 1 日の時点でW3Cにおいて勧告されているものを推奨する(http://www.w3.org/Style/CSS/ 参照)。
5. 問題文中に(X)HTMLファイルとある場合は、HTMLとXHTMLどちらを選んでもよい。また、HTML、XHTMLと明記し記述している場合はそれに従うこと。

| 1. 各設問において、正しいものは1を、間違っているものは2を、該当設問の解答欄に記せ。 |

第1問

GIF 形式の画像はアニメーションをループさせることができる。

第2問

HTML でのマークアップに際して、div 要素よりも適切な要素がある場合は、そちらを使うことが推奨されている。

第3問

サイバーセキュリティ基本法は、サイバーセキュリティに関する施策を総合的かつ効果的に推進するため、基本理念及び国の責務、戦略、基本的施策等を規定している。

第4問

アクセシビリティの観点から、白（#ffffff）の背景に黒（#000000）の文字色を使用するのは避けるべきである。

第5問

著作物が著作権による保護を受けるためには所定の手続きが必要である。

第6問

ユニバーサルデザインとは、多言語対応のことのみをいう。

第7問

ディスプレイ、キーボード等により構成される VDT 機器とは異なり、タブレット、スマートフォン等の携帯用情報機器の清掃は特に留意する必要はない。

第8問

OSI 参照モデルは通信機能を5つの階層に分けて定義している。

第9問

ワイヤーフレームを作成することで、ウェブサイト全体のコンテンツが一覧できるようになる。

第10問

CSS で色やフォントを指定した場合には、すべてのデバイスやユーザ環境で同一の表示がなされる。

2. 以下の設問に答えよ。

第 11 問

nav 要素でマークアップする対象として適切なものはどれか。以下より 1 つ選択しなさい。

1. 著作権表記
2. 広告や外部へのリンク集
3. 箇条書き
4. グローバルナビゲーション

第 12 問

CSS で子セレクタの指定がされているものを、以下より 1 つ選択しなさい。

1. `ul li { color: #ffffff; }`
2. `ul , li { color: #ffffff; }`
3. `ul > li { color: #ffffff; }`
4. `ul * { color: #ffffff; }`

第 13 問

ウェブサイトに大量のリクエストや巨大なデータを送りつけることで、サーバをダウンさせる攻撃手法はどれか。以下より 1 つ選択しなさい。

1. DoS 攻撃
2. クロスサイトスクリプティング
3. パスワードリスト攻撃
4. ドライブバイダウンロード

第 14 問

JPEG の説明として適切なものはどれか。以下より 1 つ選択しなさい。

1. 非可逆圧縮形式のファイルフォーマットである。
2. 可逆圧縮形式のファイルフォーマットである。
3. アニメーションをサポートしている。
4. 背景を透過することが可能である。

第 15 問

次の HTML の説明として適切なものはどれか。以下より 1 つ選択しなさい。

HTML

```
<dl>
    <dt>ウェブデザイン技能検定1級</dt>
    <dd>1 級の合格者には厚生労働大臣よりウェブデザイン技能士の合格証書が発行されます。</dd>
    <dt>ウェブデザイン技能検定2級および3級</dt>
    <dd>当協会理事長よりウェブデザイン技能士の合格証書が発行されます。</dd>
</dl>
```

1.　各要素は正しく配置されている。

2.　番号付きリストである。

3.　dd 要素は dt 要素の子要素でなくてはならないので誤りである。

4.　dt 要素は dd 要素の子要素でなくてはならないので誤りである。

第 16 問

body 要素内には、次のような HTML コードでドロップダウンメニューが作られている。このとき、option 要素の選択が変わったら、その value 属性値を取り出す JavaScript コードを、script 要素内に記述したい。その場合、addEventListener()メソッドの引数　　A　　に定めるべきイベントはどれか。以下より 1 つ選択しなさい。

body 要素

```
<select id="select">
        <option value="01">Item 01</option>
        <option value="02">Item 02</option>
        <option value="03">Item 03</option>
</select>
```

script 要素

```
const select = document.getElementById('select');
select.addEventListener('    A    ', (event) => {
        const selectedValue = event.target.value;
        console.log(selectedValue);   // 結果確認用
});
```

1.　change

2.　onchange

3.　select

4.　selected

第17問

次のHTMLおよびCSSコードの場合、h1要素とp要素の間に確保されるマージンは合計で何ピクセルになるか。適切なものを以下より1つ選択しなさい。

HTMLおよびCSS

```
<!DOCTYPE html>
<html lang="ja">
<head>
<meta charset="utf-8">
<title>ウェブデザイン技能検定</title>
<style>
  h1, p { margin: 50px; }
</style>
</head>
<body>
<h1>ウェブデザイン技能検定</h1>
<p>ウェブデザイン技能検定は、国家検定制度である技能検定制度の一つとして特定非営利活動法人インターネットスキル認定普及協会が実施するものです。</p>
</body>
</html>
```

1. 50px
2. 100px
3. 150px
4. 200px

第18問

HTMLで段落を表現する場合の正しいマークアップ方法はどれか。最も適切なものを以下より1つ選択しなさい。

1. p要素のタグで囲む。
2. div要素のタグで囲む。
3. br要素を使って前後を1行分ずつあける。
4. margin要素を使って前後を1行分ずつあける

第19問

CSSはどの言語に該当するか。最も適切なものを以下より1つ選択しなさい。

1. スクリプト言語
2. マークアップ言語
3. プログラミング言語
4. スタイルシート言語

第 20 問

アクセシビリティを確保する際に、テキストの文字色とその背景色の関係において注意する必要のあるものは何か。最も適切なものを以下より 1 つ選択しなさい。

1. 彩度
2. コントラスト比
3. 補色になっているかどうか
4. フォントサイズと背景の明度

第 21 問

HTML コードで input 要素の type 属性に用いることのできない値を、以下より 1 つ選択しなさい。

1. email
2. checkbox
3. radiobutton
4. text

第 22 問

HTML において、p 要素の内部に配置できる要素はどれか。以下より 1 つ選択しなさい。

1. p 要素
2. h3 要素
3. div 要素
4. span 要素

第 23 問

HTTPS 通信の標準ポートを、以下より 1 つ選択しなさい。

1. 22
2. 80
3. 110
4. 443

第24問

HTML5 において、終了タグを省略できない要素はどれか。以下より1つ選択しなさい。

1. p 要素
2. ul 要素
3. li 要素
4. body 要素

第25問

設定ページへのリンクを示すアイコンとして次の画像が使用されていた場合、その代替テキストとして最も適切なものはどれか。 以下より1つ選択しなさい。

画像

1. 歯車
2. 設定
3. アイコン
4. 歯車アイコン

※注意　マークシートに記載した氏名・受検番号を再度確認してください。学科試験と実技試験の受検番号は異なります。必ず学科用の受検番号を記入・マークしてください。間違いがある場合、採点されません。

R3 第1回
R3 第2回
R3 第3回
R2 第2回
R2 第3回
R2 第4回

令和2年度
第4回
ウェブデザイン技能検定
3 級
実技試験問題

◇受検上の留意事項◇

1. 試験会場では、技能検定委員の指示に従うこと。

2. 実技試験用PCのOSはMicrosoft Windows 8以降である。OSやアプリケーションソフトの操作方法等についての質問への回答や補助など一切応じない。

3. 本検定試験では、Google Chrome、Mozilla Firefox、Microsoft Edge(Internet Explorer11 は使用可能とするが非推奨とする)の最新安定版を指定ウェブブラウザとする。検定用PCにインストールされた本検定試験指定ソフトウェアは、TeraPad、サクラエディタ、Sublime Text、およびOSに標準で備えられているアクセサリソフトウェアとし、各データを処理するために適切なものを受検者各自で判断し使用すること。指定されたソフトウェア以外を利用して作業を行うことはできない。指定ソフトウェア以外を使用して作業を行った場合は不合格とする。検定用PCからインターネットへのアクセスができないことに十分注意すること。

4. 受検中は、用具の貸し借り、PCおよびデータの交換、不正に持ち込んだデータの利用、検定用PCからインターネットへのアクセス、他受検者への妨害行為等を禁止する。水分補給の為、閉栓可能な飲料は持ち込み可能であるが、その飲料などが原因で機材等にトラブルが発生した場合は自己責任となるため注意すること。受検中に不正があった場合や技能検定委員に不正を指摘された場合、受検者は作業を中止して退場すること。なお、不正行為があった場合は、不合格とする。

5. 受検の際、机上には受検票、身分証明書類、筆記用具、閉栓可能な飲料のみ置くことができる。携帯電話などの通信機器は机上には置かず、受検中は必ず電源を切っておくこと。携帯電話などの通信機器を時計の代わりに利用することはできない。

6. 計時は、技能検定委員に説明された時計を利用すること。受検の際には、30分経過、受検終了10分前に技能検定委員からアナウンスを行う。開始より30分を超え、制限時間内に試験を終了した場合、技能検定委員に試験終了の意思表示を行い、試験会場より退出することができる。ただし、再入場は認めない。退室は技能検定委員の指示に従うこと。

7. 受検中のトイレ、体調不良の際は必ず技能検定委員に申し出ること。所要時間については受検時間に含まれる。また、座席などを離れる場合、アプリケーション等の操作画面、ブラウザ画面などが表示されないよう留意すること。

8. 検定用PCのトラブル等により作成中のデータが失われる場合もあるため、各自データ保存やバックアップに留意して作業を行うこと。受検中、検定用PCがフリーズするなど、機器にトラブルが発生し作業が中断した場合は、作業再開までの時間を技能検定委員が記録し、規定試験時間終了後も受検者は記録された時間を追加して作業の継続ができる。

9. 制作した課題の著作権は試験主催者である、特定非営利活動法人インターネットスキル認定普及協会に帰属する。

10. その他、いかなる場合にも技能検定委員の指示に従って、受検すること。

◇解答にあたっての注意◇

1. 『試験設備点検表および実技試験課題選択表』について、次の指示に従うこと。指示に従わない場合には採点されない場合があるので注意すること。
   (1) 受検番号欄には、必ず受検票に記載されている実技試験受検番号を記入すること。
   (2) 氏名欄には、必ず受検票に記載されている氏名を記入すること。
   (3) HB程度の鉛筆またはシャープペンシルを使用し、解答を訂正する場合は消しゴムできれいに消し、消しくずを残さないようにすること。
   (4) 『実技試験課題選択表』に選択した作業番号を必ず記入すること。

2. 受検票は技能検定委員が見やすいよう、試験時間中は必ず通路側の机上に提示しておくこと。

3. 試験時間終了時に、『試験設備点検表』および『実技試験課題選択表』を回収する。試験問題は持ち帰ること。

4. 作業を実施するにあたり、ソースなどをウェブブラウザで正しく表示されるように修正することが必要な場合がある。

5. 受検者は全6課題より、5課題を選択し、60分間で作業を完了させること。

6. 作業で利用する素材は、デスクトップ上のdata3フォルダで配布している。また、受検者はデスクトップ(または技能検定委員に指示された場所)のwd3フォルダに、課題に従いフォルダ、ソースファイルなどを配置し提出すること(wd3フォルダが作成されていない場合は受検者が作成すること)。なお、保存するデータは5課題分のみとし、不適切なデータの保存や不要なファイルがある場合は減点の対象となる。

7. 作成するファイル名には全角文字は使用せず、半角英数字のみとして、スペースなどを入れずに作成すること。またファイルのデータ形式、拡張子等にも留意すること。データの保存は問題で作成を指示されたフォルダに保存すること。

8. 本検定試験では、ハイパテキストマーク付け言語(HTML)については JIS X 4156:2000 (ISO/IEC15445:2000) および W3C(ワールドワイドウェブコンソーシアム)HTML4.01以降を対象とし、拡張可能なハイパテキストマーク付け言語(XHTML)はW3C XHTML 1.0以降を対象とする。段階スタイルシート(CSS)については JIS X4168:2004 およびW3C CSS 2.1以降を対象とする。ただし、HTML5についてはREC-html52-20171214、CSS3の各モジュールは2020年4月1日の時点でW3Cにおいて勧告されているものを推奨する(http://www.w3.org/Style/CSS/ 参照)。なお、素材に予め文書型宣言が記述してある場合は、それに従うこと。また、作成するHTMLファイルの文字コードはUTF-8にすること。

作業 1～6 の中から 5 問を選択し、各設問の文章に従い作業を行うこと。

作業で利用する素材は、デスクトップ上のdata3 フォルダのものを使用すること。

また、各設問の指示に従い、デスクトップ上のwd3 フォルダにフォルダ、ソースファイルなどを配置し提出すること。wd3 フォルダが作成されていない場合は受検者が作成すること。

すべての課題提出データは検定指定ウェブブラウザで正しく表示されること。

作業 1：次の(1)～(2)の作業を行いなさい。

(1) デスクトップ上のdata3 フォルダのq1 フォルダ内にある fs.jpg に従い、index.html、CSSファイル、画像等のソースファイルおよびディレクトリ構成を適切に訂正し完成させなさい。その際、必要に応じフォルダ等は作成し、CSSファイル、画像等が正しく適用されるよう、index.htmlおよびCSSファイルを編集すること。

(2) デスクトップ上のwd3 フォルダ内にa1 という名前でフォルダを作成し、フォルダおよびソースファイルを構成に留意して保存しなさい。

作業 2：次の(1)～(3)の作業を行いなさい。なお、次の(1)～(3)で指示された箇所以外については変更する必要はない。

(1) デスクトップ上の data3 フォルダの q2 フォルダ内にある index.html、info.html、app.html、faq.html の nav 要素で指定されたエリアにあるグローバルナビゲーションの各要素に対して、対応する各ページへのリンクが正常に行われるようにしなさい。「HOME」は index.html に、「競技概要」は info.html に、「参加申込」は app.html に、「FAQ」は faq.html にそれぞれリンクを設定しなさい。その他は無視してよい。

(2) info.html、app.html、faq.html の main 要素内にある「A」、「B」、「C」の箇所をそれぞれのページタイトルと同じテキストに修正しなさい。

(3) 修正した index.html および表示に必要な他のファイル等とともに、デスクトップ上の wd3 フォルダ内に a2 という名前でフォルダを作成し保存しなさい。

作業 3：次の(1)～(2)の作業を行いなさい。

(1) デスクトップ上の data3 フォルダの q3 フォルダ内にある style.css を編集し、左に寄って配置されているコンテンツが中央に表示されるように変更しなさい。ここでいう中央とは、横方向の中央であって、縦方向の中央に配置する必要はない。

(2) 修正した style.css や index.html ファイルおよび表示に必要な他のファイル等とともに、デスクトップ上の wd3 フォルダ内に a3 という名前でフォルダを作成し保存しなさい。

作業 4：次の(1)～(2)の作業を行いなさい。

(1) デスクトップ上の data3 フォルダの q4 フォルダ内にある style.css を編集して、h1 要素の背景の色を #70a088、文字の色を #ffffff に変更しなさい。指定以外の要素は特に変更する必要はない。

(2) 修正した style.css や index.html ファイルおよび表示に必要な他のファイル等とともに、デスクトップ上の wd3 フォルダ内に a4 という名前でフォルダを作成し保存しなさい。

作業 5：次の(1)～(2)の作業を行いなさい。

(1) デスクトップ上の data3 フォルダの q5 フォルダ内にある index.html の body 要素および id="wrap"が指定されている div 要素に、style.css を編集して、img.png での表示結果と同じとなるように背景画像を適用しなさい。背景画像は q5 フォルダ内の img フォルダより適切なものを選択し適用しなさい。なお、適用される背景画像以外の、検定指定ウェブブラウザ間の種類並びにバージョンの違いによる表示の僅かな異なりは、無視できるものとする。

(2) 修正した style.css や index.html ファイルおよび表示に必要な他のファイル等とともに、デスクトップ上の wd3 フォルダ内に a5 という名前でフォルダを作成し保存しなさい。

作業 6：次の(1)～(2)の作業を行いなさい。

(1) デスクトップ上の data3 フォルダの q6 フォルダ内にある index.html の main 要素で指定されたエリアに、現在配置されているテキストを削除して、sample.txt に記載されている文章を配置し、ウェブページを更新しなさい。その際は文章をよく読み、h1 要素、h2 要素、p 要素、ol 要素、ul 要素のすべてをもれなく使用し構造化を行うこと。指定以外の要素については使用する必要はない。なお、各リスト項目の文頭につくマーカーについては、ol 要素、ul 要素のデフォルトのスタイルを適用させ実現すること。

(2) 修正した index.html および表示に必要な他のファイル等とともに、デスクトップ上の wd3 フォルダ内に a6 という名前でフォルダを作成し保存しなさい。

◇免責事項◇

　本検定試験において記載されている企業名、製品名は、それぞれの企業の商標又は登録商標である。
　受検上の留意事項、設問内等では®、TM マークを明記しない。

よくわかるマスター
特定非営利活動法人 インターネットスキル認定普及協会 公認
改訂版
ウェブデザイン技能検定3級 過去問題集
問題編
(FPT2112)

2022年 4 月 5 日　初版発行

著作：特定非営利活動法人 インターネットスキル認定普及協会
制作：株式会社富士通ラーニングメディア

はじめに

「ウェブデザイン技能検定」は、厚生労働省から指定試験機関の指定を受けて、**「特定非営利活動法人 インターネットスキル認定普及協会」**（以下、インターネットスキル認定普及協会）が実施する国家検定です。

本書は、インターネットスキル認定普及協会から認定された公認の過去問題集で、**「ウェブデザイン 技能検定3級」**の令和3年度3回分、令和2年度3回分の計6回分を収録しています。また、令和3年度第4回試験分についてはダウンロード提供いたします。
これらの過去に出題された問題を繰り返し学習することで、実戦力を養い、受検に備えることができます。

本書をご活用いただき、ウェブデザイン技能検定に合格されますことを心からお祈り申し上げます。

本書を購入される前に必ずご一読ください
本書は、2022年2月現在のWindows 10およびGoogle Chrome、サクラエディタに基づいて解説しています。Windows Updateなどによって機能が更新された場合には、本書の記載のとおりに操作できなくなる可能性があります。あらかじめご了承の上、ご購入・ご利用ください。
本書を開発した環境は、次のとおりです。
・Windows 10（バージョン 21H2　ビルド 19044.1526）
・Google Chrome（バージョン 98.0.4758.102）
・サクラエディタ（バージョン 2.4.1　ビルド 2849）

2022年4月5日
特定非営利活動法人　インターネットスキル認定普及協会

Contents

「令和2年度　第1回試験」は、新型コロナウイルス感染症の拡大に伴う、政府による緊急事態宣言発令を踏まえ、試験の実施が中止されました。

本書をご利用いただく前に

本書で学習を進める前に、ご一読ください。

1 本書の位置付けについて

本書は、ウェブデザイン技能検定3級の試験範囲をひととおり学習された方のための問題集で、HTMLやCSSについて一般的な知識を有している方を前提に解説しています。そのため、HTMLやCSSについての解説は含まれていません。ご了承ください。

2 本書の記述について

解説の説明のために使用している記号には、次のような意味があります。

記述	意味	例
《　　》	メニューやコマンドを示します。	《ダウンロード》をクリックします。
「　　」	重要な語句や入力する文字を示します。	「alt属性」です。

3 製品名の記載について

本書では、次の名称を使用しています。

正式名称	本書で使用している名称
Microsoft Windows 10	Windows 10 または Windows
Microsoft Edge	Microsoft Edge または Edge
Google Chrome	Google Chrome または Chrome
Mozilla Firefox	Mozilla Firefox または Firefox

※主な製品を挙げています。その他の製品も略称を使用している場合があります。

4 学習環境について

本書を学習するには、次のソフトウェアが必要です。

```
●OS         ：Windows 8以降（Windows 10以降を推奨）
●ウェブブラウザ：Google Chrome、Mozilla Firefox、Microsoft Edge 最新安定
              版のいずれか
●エディタ    ：サクラエディタ、TeraPad、Sublime Text 最新安定版のいずれか
```

本書を開発した環境は、次のとおりです。

```
●OS         ：Windows 10（バージョン 21H2　ビルド 19044.1526）
●ウェブブラウザ：Google Chrome（バージョン 98.0.4758.102）
●エディタ    ：サクラエディタ（バージョン 2.4.1　ビルド 2849）
```

※環境によっては、画面の表示が異なる場合や記載の機能が操作できない場合があります。

学習ファイルのダウンロードについて

本書で使用するデータファイルは、FOM出版のホームページで提供しています。
ダウンロードしてご利用ください。

ホームページ・アドレス

> https://www.fom.fujitsu.com/goods/

※アドレスを入力するとき、間違いがないか確認してください。

ホームページ検索用キーワード

> FOM出版

◆ダウンロード

データファイルをダウンロードする方法は、次のとおりです。

①ウェブブラウザを起動し、FOM出版のホームページを表示します。

※アドレスを直接入力するか、キーワードでホームページを検索します。

②《ダウンロード》をクリックします。

③《資格》の《ウェブデザイン技能検定》をクリックします。

④《ウェブデザイン技能検定》の《改訂版 ウェブデザイン技能検定3級 過去問題集》をクリックします。

⑤「fpt2112.zip」をクリックします。

⑥ダウンロードが完了したら、ウェブブラウザを終了します。

※ダウンロードしたファイルは、パソコン内の《ダウンロード》に保存されます。

◆ダウンロードしたファイルの解凍

ダウンロードしたファイルは圧縮されているので、解凍(展開)します。ダウンロードした
ファイル「fpt2112.zip」を《ドキュメント》に解凍する方法は、次のとおりです。

①デスクトップ画面を表示します。

②タスクバーの ▦ (エクスプローラー)をクリックします。

③《ダウンロード》をクリックします。

※《ダウンロード》が表示されていない場合は、《PC》をダブルクリックします。

④ファイル「fpt2112」を右クリックします。

⑤《すべて展開》をクリックします。

⑥《参照》をクリックします。

⑦《ドキュメント》をクリックします。

※《ドキュメント》が表示されていない場合は、《PC》をダブルクリックします。

⑧《フォルダーの選択》をクリックします。

⑨《ファイルを下のフォルダーに展開する》が「C:¥Users¥(ユーザ名)¥Documents」に変更されます。

※お使いの環境によっては、表示が異なる場合があります。

⑩《完了時に展開されたファイルを表示する》を ✔ にします。

⑪《展開》をクリックします。

⑫ファイルが解凍され、《ドキュメント》が開かれます。

⑬フォルダ「改訂版 ウェブデザイン技能検定3級過去問題集」が表示されていることを確認
します。

※すべてのウィンドウを閉じておきましょう。

概要

R3 第1回

R3 第2回

R3 第3回

R2 第2回

R2 第3回

R2 第4回

◆データファイルの一覧

フォルダ**「改訂版　ウェブデザイン技能検定3級過去問題集」**には、次のようなデータファイル
が入っています。タスクバーの　■　（エクスプローラー）→**《PC》**→**《ドキュメント》**をクリッ
クし、一覧からフォルダを開いて確認してください。

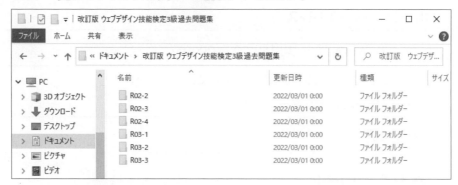

◆データファイルの場所

本書では、学習ファイルの場所を**《ドキュメント》**内のフォルダ**「改訂版　ウェブデザイン技能
検定3級過去問題集」**としています。**《ドキュメント》**以外の場所にコピーした場合は、フォル
ダを読み替えてください。

6　「令和3年度　第4回試験」について

本書を購入された方には、**「令和3年度　第4回試験」**の問題、解答と解説をご用意しています。
FOM出版のホームページからダウンロードして、ご利用ください。

◆ダウンロード方法

①ウェブブラウザを起動し、FOM出版のホームページを表示します。

ホームページ・アドレス

> https://www.fom.fujitsu.com/goods/eb/

※アドレスを入力するとき、間違いがないか確認してください。

②**「改訂版　ウェブデザイン技能検定3級　過去問題集（FPT2112）」**の**《特典を入手する》**を
　選択します。

③本書に関する質問に回答し、**《入力完了》**を選択します。

④ファイル名を選択して、ダウンロードします。

※ダウンロードしたファイルは、パソコン内の**《ダウンロード》**に保存されます。

7　本書の最新情報について

本書に関する最新のQ&A情報や訂正情報、重要なお知らせなどについては、FOM出版の
ホームページでご確認ください。

ホームページ・アドレス

> https://www.fom.fujitsu.com/goods/

※アドレスを入力するとき、間違いがないか確認してください。

ホームページ検索用キーワード

> FOM出版

ウェブデザイン技能検定の概要

試験概要

1 技能検定とは

「技能検定制度」は、働く方々の有する技能の程度を検定し、これを公証する国家検定制度です。働く方々の技能と地位の向上を図ることを目的に、職業能力開発促進法に基づいて実施されています。

技能検定制度は様々な職種で導入されており、令和4年2月時点で131職種となります。

2 ウェブデザイン技能検定とは

ウェブデザイン技能検定試験は、厚生労働省から職業能力開発促進法第47条第1項の規定に基づいて、指定試験機関の指定を受けて、インターネットスキル認定普及協会が実施するものです。

試験は**「1級」「2級」「3級」**の3つの等級があり、各等級とも試験基準に基づいて学科試験および実技試験が行われます。1級の合格者には厚生労働大臣から、2級および3級の合格者にはインターネットスキル認定普及協会理事長から合格証書が発行され、**「1級ウェブデザイン技能士」「2級ウェブデザイン技能士」「3級ウェブデザイン技能士」**を称することができます（名称独占資格）。令和4年1月現在、ウェブデザイン技能士は、約2万1千人以上となっています。

3 試験科目と試験時間

各等級における試験科目と試験時間は、次のとおりです。

級	試験科目	試験時間
1級	学科	90分
	実技	180分
	ペーパー実技	60分
2級	学科	60分
	実技	120分
3級	学科	45分
	実技	60分

4 受検手数料

各等級における受検手数料は、次のとおりです。(令和4年2月時点)

級	受検手数料
1級	学科：7,000円　実技：25,000円（合計32,000円）
2級	学科：6,000円　実技：12,500円（合計18,500円）
3級	学科：5,000円　実技：5,000円（合計10,000円）

※1級の実技試験には、ペーパー実技の受検手数料が含まれます。
※受検手数料は変更される場合があります。
※技能検定制度の若年者減免制度により、実技試験が減免対象となる場合があります。
※受検手数料については、ウェブデザイン技能検定のホームページでご確認ください。ウェブデザイン技能検定のホームページは、P.7「7　試験の詳細について」をご参照ください。

5 受検資格

各等級の条件のうち、いずれか1つに該当していれば受検できます。

級	条件
1級	【実技試験】 ・1級の技能検定において、学科試験に合格した者（※1） 【学科試験】 ・7年以上の実務経験（※2）を有する者 ・職業高校、短大、高専、高校専攻科、専修学校、各種学校卒業又は普通職業訓練修了（※3）後、5年以上の実務経験（※2）を有する者 ・大学（※3）卒業後、3年以上の実務経験（※2）を有する者 ・高度職業訓練修了（※3）後、1年以上の実務経験（※2）を有する者 ・2級の技能検定に合格した者であって、その後2年以上の実務経験（※2）を有する者
2級	・2年以上の実務経験（※2）を有する者 ・職業高校、短大、高専、高校専攻科、専修学校、各種学校卒業又は普通職業訓練修了（※3）した者 ・大学（※3）を卒業した者 ・高度職業訓練（※3）を修了した者 ・3級の技能検定に合格した者
3級	・ウェブの作成や運営に関する業務に従事している者及び従事しようとしている者

※1：当該実技試験が行われる日が、学科試験の合格日より2年以内である場合に限ります。
※2：実務経験とは、ウェブの作成や運営に関する業務に携わった経験のことです。
※3：学校卒業、訓練修了については、卒業あるいは修了した該当科にインターネットスキル認定普及協会が定めたウェブの作成や運営に関する科目等が含まれるとインターネットスキル認定普及協会が認めたものに限ります。

概要

R3 第1回

R3 第2回

R3 第3回

R2 第2回

R2 第3回

R2 第4回

6 │ 試験免除基準

ウェブデザイン技能検定は「**学科試験**」、「**実技試験**」の2部構成となっており、「**学科試験**」、「**実技試験**」両方の科目の合格のほかに、一方の科目のみの一部合格があります。

各等級における主な免除対象者と免除範囲は、次のとおりです。

免除対象者	免除範囲
1級の技能検定に合格した者	1級の学科試験の全部
1級又は2級の技能検定に合格した者	2級の学科試験の全部
1級、2級又は3級の技能検定に合格した者	3級の学科試験の全部
1級の技能検定において、学科試験に合格した者（※1）	1級の学科試験の全部
1級又は2級の技能検定において、学科試験に合格した者（※1）	2級の学科試験の全部
1級、2級又は3級の技能検定において、学科試験に合格した者（※1）	3級の学科試験の全部
2級の技能検定において、実技試験に合格した者（※2）	2級の実技試験の全部
3級の技能検定において、実技試験に合格した者（※2）	3級の実技試験の全部

※1：当該学科試験が行われる日が、学科試験の合格日より2年以内である場合に限ります。
※2：当該実技試験が行われる日が、実技試験の合格日より2年以内である場合に限ります。

7 │ 試験の詳細について

試験日程や試験会場、各回の試験実施要項などの詳細については、ウェブデザイン技能検定のホームページをご覧ください。

https://www.webdesign.gr.jp/

※アドレスを入力するとき、間違いがないか確認してください。

受検案内

1 受検申請手続き

受検の申請方法には、インターネットから行う方法と郵送で行う方法の2つの種類があります。

◆インターネットによる受検申請

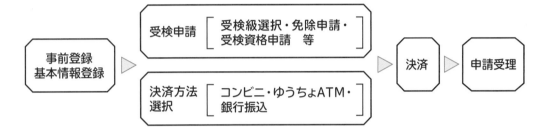

インターネットによる受検申請の場合は、受検申請書を送付する必要はありません。
決済確認に2、3日を要する場合があります。余裕を持って手続きを行ってください。

◆郵送による受検申請

郵送による受検申請は受検手数料の振込と受検申請書の送付をもって受検申請完了となります。受検申請書の郵送には、必ず**「簡易書留」**をご利用ください。その際、郵便局で発行される簡易書留の控えは、受検票到着まで大切に保管してください。これ以外の郵送方法で送付された場合、インターネットスキル認定普及協会は一切の責任を負いません（到着確認のお問い合わせにはお答えできません）。
受検申請書の送付先は、次のとおりです。

〒160-0023
東京都新宿区西新宿7-16-1 第3歯朶ビル　2階
特定非営利活動法人　インターネットスキル認定普及協会　検定事務局

インターネットによる受検申請、郵送用の受検申請書のダウンロードは、受検申請期間中に、ウェブデザイン技能検定のホームページから行うことができます。

---
https://www.webdesign.gr.jp/

※アドレスを入力するとき、間違いがないか確認してください。

合格発表

1 合格発表

ウェブデザイン技能検定の合格発表は、試験終了の約1か月後にウェブデザイン技能検定のホームページ上に掲載され、合格者には郵送で通知されます。

技能検定は、学科試験と実技試験、両方の合格をもって合格となり、**「技能士」**として認定されます。

いずれか一方の試験に合格した場合は、**「一部合格者」**として、試験の合格日から2年以内に実施される試験を受検する場合に、合格した試験が免除となります。

※一部合格者は技能検定の合格者（技能士）とは異なります。

2 合格証書

学科試験と実技試験の両方に合格された技能士の方には、次のような合格証書がインターネットスキル認定普及協会より送付されます。

※一部合格者にも、合格した科目（学科または実技）が記された合格証書が送付されます。

●3級

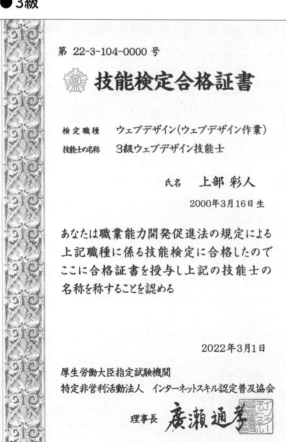

出題範囲

1　3級の試験科目及びその範囲並びにその細目

3級の試験範囲とその細目は、次のとおりです。

◆ 学科試験

試験科目とその範囲	試験科目及びその範囲の細目
1.インターネット概論 1-1.インターネット	1. 次に掲げるインターネットの仕組みについて一般的な知識を有すること。 　1）インターネットの仕組み 　2）ワールドワイドウェブ（WWW） 　3）通信プロトコル 　4）ハイパテキスト転送プロトコル（HTTP） 2. その他インターネットについて一般的な知識を有すること。
1-2.ネットワーク技術	1. 次に掲げるインターネット接続法について一般的な知識を有すること。 　1）アクセス方式 　2）ネットワーク接続法 　3）サーバ・クライアントモデル 　4）端末と接続機器 2. その他インターネットに関わるネットワーク技術について一般的な知識を有すること。
1-3.インターネットにおける標準規格・関連規格と動向	1. 次に掲げるワールドワイドウェブ（WWW）における各種標準化団体および標準規格及び関連規格、動向について一般的な知識を有すること。 　1）日本産業規格（JIS） 　2）国際標準化機構（ISO） 　3）ワールドワイドウェブコンソーシアム（W3C：World Wide Web Consortium） 　4）インターネット技術タスクフォース（IETF：Internet Engineering Task Force） 　5）欧州電子計算機工業会（ECMA：ECMA International） 　6）ウェブ・ハイパテキスト・アプリケーション・テクノロジー・ワーキング・グループ（WHATWG：Web Hypertext Application Technology Working Group） 2. その他ウェブデザインに関わる各種規格、技術動向について一般的な知識を有すること。
1-4.ウェブブラウジング	1. 次に掲げる各種ウェブブラウジング技術における一般的な知識を有すること。 　1）ブラウジング 　2）端末 　3）ウェブブラウザの種類と仕様 　4）サービス 　5）認証サービス 2. 次に掲げるウェブ表示端末について一般的な知識を有すること。 　1）携帯端末 3. 各種端末に向けてウェブサイトを表示するための技術について一般的な知識を有すること。

概要

R3 第1回

R3 第2回

R3 第3回

R2 第2回

R2 第3回

R2 第4回

試験科目とその範囲	試験科目及びその範囲の細目
1-5.ワールドワイドウェブ（WWW）セキュリティ技術	1. 次に掲げるワールドワイドウェブ（WWW）における各種セキュリティ技術について一般的な知識を有すること。 　1）ウェブブラウザの種類と各種仕様 　2）公開鍵暗号基盤（PKI） 　3）ファイル転送 2. 次に掲げる各種法令に関して一般的な知識を有すること。 　1）不正アクセス行為の禁止等に関する法律 　2）個人情報の保護に関する法律 3. 次に掲げるインターネットにおける各種セキュリティおよびマルウェア等の攻撃について一般的な知識を有すること。 　1）インターネットにおける不正アクセスの種類・方法 　2）マルウェアの攻撃方法 　3）対処・対策方法
1-6.インターネット最新動向と事例	1. インターネット及びワールドワイドウェブ（WWW）に関わる各種最新動向について一般的な知識を有すること。 2. ウェブデザインに関わる最新事例について一般的な知識を有すること。
2.ワールドワイドウェブ（WWW）法務 2-1.知的財産権とインターネット	1. 次に掲げるワールドワイドウェブ（WWW）及びウェブ構築に関わる知的財産権および関連する権利について一般的な知識を有すること。 　1）産業財産権 　2）著作権 　3）その他の権利
3.ウェブデザイン技術 3-1.ハイパテキストマーク付け言語および拡張可能なハイパテキストマーク付け言語（HTML・XHTML）とそのコーディング技術	1. 次に掲げる記述言語について一般的な知識を有すること。 　1）ハイパテキストマーク付け言語（HTML） 　2）拡張可能なハイパテキストマーク付け言語（XHTML） 　3）拡張可能なマーク付け言語（XML） 2. 以上のハイパテキストマーク付け言語における各種タグおよびコーディングについて一般的な知識を有すること。
3-2.スタイルシート（CSS）とそのコーディング技術	1. スタイルシート（CSS）のスタイルおよびコーディング、利用について一般的な知識を有すること。 2. スタイルシート（CSS）のレベル、各ウェブブラウザの対応状況に関して一般的な知識を有すること。
3-3.スクリプト	1. エクマスクリプト（ECMAScript）のコーディングおよびシステムについて一般的な知識を有すること。
4.ウェブ標準	1. ウェブ標準に基づいたウェブサイトの制作手法について一般的な知識を有すること。
5.ウェブビジュアルデザイン 5-1.ページデザインおよびレイアウト	1. 次に掲げるウェブサイトにおけるページデザインに関する要件について一般的な知識を有すること。 　1）テキストの種類と利用 　2）画像（イメージ）データの種類と加工・利用 　3）ウェブカラーデザイン 　4）構成について 　5）レイアウト手法 2. ウェブサイトのページデザイン、サイト構築について一般的な知識を有すること。

試験科目とその範囲	試験科目及びその範囲の細目
5-2.マルチメディアと動的表現	1. 次に掲げるマルチメディアデータに関わる各項目について一般的な知識を有すること。 　1）マルチメディアデータの種類（動画・音声・アニメーション等） 　2）マルチメディアデータの作成と加工 　3）組込 　4）配信 2. マルチメディアデータを利用したウェブサイトのコンテンツデザイン、サイト構築について一般的な知識を有すること。
6.ウェブインフォメーションデザイン 6-1.インフォメーションデザイン	1. 次に掲げるウェブサイト構築を目的とした情報デザイン手法について一般的な知識を有すること。 　1）情報の構造化 　2）サイトマップの構成と設計
6-2.インタフェースデザイン	1. ユーザに配慮し目的に合致したインタフェースに関する要件について一般的な知識を有すること。 　1）ナビゲーション 　2）インタラクション 　3）グラフィカルユーザインタフェース
6-3.ユーザビリティ	1. 次に掲げるウェブサイト構築におけるユーザビリティに関するデザイン手法について一般的な知識を有すること。 　1）人間工学 　2）ISO9241-11
7.アクセシビリティ・ユニバーサルデザイン	1. 次に掲げるウェブサイト構築におけるアクセシビリティに配慮したデザイン手法及びユニバーサルデザイン手法について一般的な知識を有すること。 　1）ウェブコンテンツJIS（JIS X 8341-3） 　2）ユニバーサルデザイン 2. 以上を用いてウェブサイトの構築及びページデザインについて一般的な知識を有すること。
8.ウェブサイト設計・構築技術	1. 次に掲げる各種ウェブサイト構築に関わる一般的な知識を有すること。 　1）サービスサイト 　2）バナー広告のタイプと作成 2. 次に掲げる各種設計・構築技術において一般的な知識を有すること。 　1）コミュニケーション 　2）企画 　3）プランニング 　4）サイト設計 　5）サイト構築
9.ウェブサイト運用・管理技術	1. 次に掲げる各種ウェブサイト運用・管理技術において、一般的な知識を有すること。 　1）サイト管理 　2）システム保守

概要

R3 第1回

R3 第2回

R3 第3回

R2 第2回

R2 第3回

R2 第4回

試験科目とその範囲	試験科目及びその範囲の細目
10.安全衛生・作業環境構築	1. ウェブデザイン作業に伴う安全衛生に関し、次に掲げる事項について一般的な知識を有すること。 　1）機械、器工具、原材料等の危険性又は有害性及びこれらの取扱い方法 　2）安全装置、有害物抑制装置又は保護具の性能及び取扱い方法 　3）作業手順 　4）作業開始時の点検 　5）ウェブデザイン作業に関して発生するおそれのある疾病の原因及び予防 　6）人間工学に配慮したコンテンツの設計、配信 　7）VDT作業等に適した作業環境の設定 　8）整理整頓および清潔の保持 　9）事故時等における応急措置及び退避 　10）その他ウェブデザイン作業に関わる安全又は衛生のために必要なこと。 2. 労働安全衛生法関連法令（ウェブデザイン作業に関わる部分に限る。）について一般的な知識を有すること。

◆ 実技試験

試験科目とその範囲	試験科目及びその範囲の細目
ウェブサイト構築 ・ウェブサイトデザイン	1. 次に掲げるウェブサイト構築に関するデザイン作業が出来ること。 　1）ハイパテキストマーク付け言語（HTML）、拡張可能なハイパテキストマーク付け言語（XHTML）、スタイルシート（CSS）によるコーディング 　2）画像の利用 　3）マルチメディアデータの利用 　4）ページデザイン・レイアウト 　5）アクセシビリティ
・ウェブサイト運用管理	1. 次に掲げるウェブサイト運用・管理に関する作業が出来ること。 　1）更新・管理

受検にあたっての注意事項

1　学科試験における注意事項

学科試験における注意事項は、次のとおりです。

●解答方法について

学科試験の解答は、マークシート方式です。解答用紙に記された記入方法に従って丁寧にマークしてください。

●解答方式について

学科試験の試験問題数は25問です。正誤式および多肢選択式（四者択一）となっています。

●問題用紙について

問題用紙は持ち帰ることが可能です。試験実施の翌日には正答が公開されます。問題用紙に自分の解答した内容を記入しておくと、自己採点が可能です。

2　実技試験における注意事項

実技試験における注意事項は、次のとおりです。

●課題の選択について

実技試験は、与えられた6つの課題（作業1〜作業6）から5つを選択して作業します。課題の内容をよく見て、自分の得意なものか、苦手なものかなどを見極めましょう。試験時間（60分）内に作業を終了できるように、自分の苦手な課題は避けることも必要です。

●作業用の素材について

検定用PCのデスクトップに「data3(xxx-x)」フォルダ（xxx-xには開催回を表す記号が入ります）が用意されています。このフォルダ内に実技試験で使用する素材が配布されています。受検者はこれらの素材を使い、課題で指示されるとおりに、フォルダの作成やファイルの移動、HTMLファイルの編集などを行います。

●課題の提出ついて

課題の提出は、デスクトップの「wd3」フォルダを使って行います。「wd3」フォルダがデスクトップに用意されていない場合は、受検者が作成します。「wd3」フォルダに収めるデータは、提出する5つの課題分のみとします。不要なデータがある場合は減点の対象となります。

●フォルダ名やファイル名について

作業中、作成するフォルダやファイルの名前には2バイト文字は使用しません。半角英数字のみとし、スペースなども含めません。ファイルのデータ形式、拡張子などにも留意し、課題で指示されたとおりのフォルダに保存してください。

概要

R3 第1回

R3 第2回

R3 第3回

R2 第2回

R2 第3回

R2 第4回

●作業に使用するアプリケーションソフトについて

検定試験指定ウェブブラウザは、次のとおりです。

| ・Google Chrome | ・Mozilla Firefox | ・Microsoft Edge | ※最新安定版 |

また、それ以外の検定試験指定ソフトウェアは、次のとおりです。

- ・OSに標準で備えられているアクセサリソフトウェア（メモ帳、ワードパッドなど）
- ・TeraPad
- ・サクラエディタ
- ・Sublime Text

以上のソフトウェアのうち、各データを処理するために適切なものを受検者自身で判断して使用します。指定されたソフトウェア以外のものを使用して作業を行った場合は不合格となります。

提出するデータは、検定試験指定ウェブブラウザで正しく表示される必要があります。検定用PCにインストールされている複数のウェブブラウザで正しく表示されることを確認しましょう。

●試験設備点検表及び実技試験課題選択表の記入について

各受検者には「試験設備点検表及び実技試験課題選択表」が配布されます。各受検者は、設備点検の結果や選択した課題を記入して、試験終了時にこの表を提出する必要があります。

＜試験設備点検表及び実技試験課題選択表＞

ウェブデザイン技能検定　実技試験　3級

ウェブデザイン技能検定　3級　実技試験

試験設備　点検表　及び　実技試験課題選択表

| 受検番号 | | 氏　名 | |

●試験設備　点検表

点検の結果、問題なければ「良」にチェックしてください。また動作不良やインストールされていない場合は「不良」にチェックし、速やかに技能検定委員に申し出てください。

No	点検内容	良	不良	特記事項
	ハードウェア(PC)の動作確認			
1	モニタに画面が表示されているか			
2	マウスが動作するか			
3	キーボードが動作するか			
4	文字入力が可能か			
	下記ソフトウェアがインストールされ、動作するか			
5	1.　Chrome			
6	2.　Firefox			
7	3.　Edge			
8	4.　Terapad			
9	5.　サクラエディタ			
10	6.　SublimeText			
	課題データの確認			
11	課題データが用意されているか			
	その他（特記事項）			
12				

●実技試験課題選択表

実技試験の6課題より選択した5問について「○」をそれぞれの枠内に記入してください。
なお、課題の提出の際に6課題以上のデータを保存しないよう留意してください。

課題番号	1	2	3	4	5	6
選　択						

特定非営利活動法人 インターネットスキル認定普及協会

令和3年度
第1回試験
解答と解説

第1問　**解答** 1

解説 「クロスブラウザチェック」とは、作成したウェブページが仕様通り（ウェブページ所有者の要求通り）に表示や動作をするかを複数の異なるウェブブラウザで確認することです。

第2問　**解答** 1

解説 長時間にわたってディスプレイ画面を凝視する作業は、身体的不調だけでなく、メンタルヘルスにも悪影響をもたらします。作業環境管理、作業管理、作業者の健康管理等を適正に行い、作業者を支援していくことが重要であると、「**情報機器作業における労働衛生管理のためのガイドライン**」に記されています。

第3問　**解答** 2

解説 「CMS」とは、ウェブサイトの作成から管理・更新までを行うことができるシステムです。HTMLやCSSを使った表示用のテンプレートに、PHPなどのプログラム（スクリプト）を使用してデータを差し込むことでウェブページを生成します。
CMSを使うと、HTMLやCSSの専門知識がなくても、ウェブサイトを作成することができますが、HTMLやCSSの知識があれば、テンプレートのレイアウトを変更することもできます。

第4問　**解答** 1

解説 WHATWGによる最新のHTML仕様では、ウェブページごとにtitle要素は1つと定義されています。

第5問　**解答** 2

解説 「GIF（Graphic Interchange Format）」形式は、画像を圧縮して保存する可逆圧縮形式のファイルフォーマットです。256色を扱うことができ、背景色に透明を設定したり、複数の画像を連続して切り替えるGIFアニメーションを作成したりすることができます。拡張子は「**.gif**」です。

概要

R3 第1回

R3 第2回

R3 第3回

R2 第2回

R2 第3回

R2 第4回

第6問　**解答** 2

解説 HTML5より以前のバージョンでは、ブロックレベル要素やインライン要素という概念
があり、ブロックレベル要素（section要素）を、インライン要素（a要素）で囲むと文
法エラーになりました。
しかし、HTML5からはブロックレベル要素とインライン要素という概念が廃止された
ため、section要素をa要素で囲っても文法エラーにはなりません。

第7問　**解答** 1

解説 CSS2やCSS3における2や3の数字は、レベルを表します。

第8問　**解答** 2

解説 「ユニバーサルデザイン」とは、年齢や障がいの有無、性別などにかかわらず、多くの
人が利用しやすいようにデザインすることです。
ユニバーサルデザインには、次のような7つの原則があります。

●誰でも同じように使える（公平性）
●柔軟に使える（自由度）
●使い方が簡単にわかる（単純性）
●使う人に必要な情報が簡単に伝わる（わかりやすさ）
●間違えても重大な結果にならない（安全性）
●少ない力で効率的に、楽に使える（省体力）
●使うときに適当な広さがある（スペースの確保）

第9問　**解答** 1

解説 「Cookie（クッキー）」は「HTTP Cookie」ともいい、HTTPの機能です。ウェブサー
バとウェブブラウザ間で状態を管理する通信プロトコル、またそこで使用されるウェ
ブブラウザに保存されたデータのことをいいます。ユーザ識別やセッション管理を実
現する目的などに利用されます。

第10問　**解答** 2

解説 「Basic認証」とは、HTTPの認証方式の1つで、ユーザ名とパスワードを使って照合
をします。入力されたユーザ名とパスワードはハッシュ化（暗号化）されないため、第
三者に盗聴された場合、ユーザ名とパスワードが入手されたり、改ざんされたりす
る可能性があります。

第11問　解答 4

解説 「cursorプロパティ」は、マウスポインターが要素の上にあるときに表示される、マウスカーソルの種類を設定するCSSのプロパティです。十字カーソルを表示させるためには、cursorプロパティに「crosshair」を設定します。

第12問　解答 4

解説 明示的にセクションを発生できる要素は、セクションコンテンツのカテゴリーに属するarticle要素、aside要素、nav要素、section要素です。
HTMLは類似した特性を持つ要素を、次のようなカテゴリーで分類しています。

- ●メタデータコンテンツ(Metadata content)
- ●フローコンテンツ(Flow content)
- ●セクションコンテンツ(Sectioning content)
- ●見出しコンテンツ(Heading content)
- ●記述コンテンツ(Phrasing content)
- ●埋め込みコンテンツ(Embedded content)
- ●対話型コンテンツ(Interactive content)

第13問　解答 3

解説 「br要素」は、文字列（文章）を改行したいときに使用します。br要素は段落を表したり、グループを分離したり、余白を調整したりするための用途として使用するものではありません。

第14問　解答 2

解説 項目ラベルをクリックしてチェックボックスのオンとオフを切り替えられるようにしたい場合は、label要素とinput要素を関連付ける必要があります。
「input要素」の「id属性」に任意の値を設定して、「label要素」の「for属性」にinput要素のid属性と同じ値を設定します。

第15問　解答 1

解説 テキストに打ち消し線（取り消し線）を表示するためには、「text-decorationプロパティ」に「line-through」を設定します。

第16問　**解答** **1**

解説 「CSS」は、あとに記述されたプロパティが優先されます。
まず「background-color: blue;」と「margin: 10px;」により背景が青色、上下
左右の余白が10ピクセルに設定されます。その後「background-color: yellow;」
により背景が黄色に設定されます。
最終的に背景は黄色で表示され、上下左右の余白が10ピクセルになります。

第17問　**解答** **4**

解説 「address要素」は、個人、団体、組織の連絡先情報を表します。連絡先情報は、住所、
URL、メールアドレス、電話番号、ソーシャルメディアのアカウントなどが一般的です。

第18問　**解答** **2**

解説 「HTML（HyperText Markup Language）」とは、ウェブページのコンテンツの構
造を作るためのマークアップ言語です。
「CSS（Cascading Style Sheets）」とは、ウェブページのスタイルやレイアウトを
指定するためのスタイルシート言語です。

第19問　**解答** **4**

解説 「ワーム」とは、自己増殖機能を持ち、ほかのシステムに拡散する性質を持ったマル
ウェアです。
無害なファイルやプログラムに偽装して侵入したあとに、悪意のある振る舞いをする
マルウェアは「トロイの木馬」です。
コンピュータの内部情報を外部に勝手に送信するマルウェアは「スパイウェア」です。
コンピュータのファイルへのアクセスを制限するなどし、身代金を要求するマルウェア
は「ランサムウェア」です。

第20問　**解答** **1**

解説 「レスポンシブウェブデザイン」とは、ウェブページのスタイルやレイアウトが、デバイス
（パソコンやスマートフォンなど）の環境に応じて、自動的に最適化されるウェブデザ
イン手法です。

概要

R3 第1回

R3 第2回

R3 第3回

R2 第2回

R2 第3回

R2 第4回

第21問　　解答 **3**

解説　「header要素」は、ウェブページの導入部やナビゲーションなどのグループを表します。見出し要素だけでなく、ロゴ、検索フォーム、作者名、その他の要素を含むこともできます。

第22問　　解答 **4**

解説　「不正アクセス行為の禁止等に関する法律」とは、不正アクセス行為や不正アクセス行為につながる識別符号（IDやパスワードなど）の不正取得・保管行為、不正アクセス行為を助長する行為等を禁止する法律です。

第23問　　解答 **2**

解説　img要素の代替テキストを指定する際に使用すべき属性は「alt属性」です。画像や動画の代わりに、テキストで説明するために指定します。画面のリーダーが読み上げたり、画像が表示されなかったときに代替テキストを表示したりします。
「src属性」は、img要素に必須の属性で、表示する画像のURLを指定します。
「title属性」の値は、ツールチップとして、画像の上でカーソルが重なると表示されます。
「label属性」は、option要素やoptgroup要素で使用される属性で、選択肢名や選択グループ名を指定するものです。

第24問　　解答 **2**

解説　「コントラスト比」とは、ディスプレイ装置などの性能指標の1つで、最も明るい表示部分と最も暗い表示部分の輝度の比率を表したものです。
白が最大輝度（最も明るい）、黒が最小輝度（最も暗い）を表し、輝度の差が大きいほど、コントラスト比が高くなります。一般的にコントラスト比が高いほど、色の違いがくっきりと表現された表示になります。
「#000000」（黒）や「#ffffff」（白）などの表記は、CSSの色指定に使う16進数で表記されたカラーコードです。数値の差が大きいほどコントラスト比が高くなります。

　解答 **3**

解説 「OSI参照モデル」の第3層はネットワーク層です。OSI参照モデルは、通信機能（通信プロトコル）を7つの階層に分けて定義されています。

階層	名称
第7層（レイヤ7）	アプリケーション層
第6層（レイヤ6）	プレゼンテーション層
第5層（レイヤ5）	セッション層
第4層（レイヤ4）	トランスポート層
第3層（レイヤ3）	ネットワーク層
第2層（レイヤ2）	データリンク層
第1層（レイヤ1）	物理層

概要

R3 第1回

R3 第2回

R3 第3回

R2 第2回

R2 第3回

R2 第4回

実技試験

作業の前に

ダウンロードした素材データから、「R03-1」フォルダ内の「data3（R03-1）」フォルダをデスクトップにコピーしておきましょう。

作業で使用する素材は、「data3（R03-1）」フォルダ内にあります。このフォルダには、作業1から作業6で使用する素材が「qx」フォルダという名前でまとめられています。

各作業の前に、デスクトップの「wd3」フォルダ内に「qx」フォルダをコピーし、フォルダの名前を「ax」に変更します。

※問題文の「data3」フォルダは、「data3（R03-1）」フォルダに読み替えてください。
※「wd3」フォルダがない場合は、自分で作成します。
※「qx」「ax」のxは、作業1から作業6の各番号に読み替えてください。

作業 ①

この課題では、ウェブサイトのHTMLファイル、CSSファイル、および画像などのソースファイルを、指示されたサイトのディレクトリ構造を示す図に合わせて適切に配置し、構成する必要があります。

作業を開始する前に、ウェブブラウザで「index.html」ファイルの表示を確認しておきましょう。

●作業1の完成イメージ

Chromeで表示

▶ Point 1

「fs.jpg」ファイルを開いて、作成するディレクトリ構造を確認します。
「a1」フォルダ内が、「fs.jpg」ファイルで確認したディレクトリ構造と同じになるように、「css」フォルダおよび「img」フォルダを作成し、ファイルの移動を行います。

> ファイルを移動すると、「index.html」ファイル内で参照している画像ファイルやCSSファイルのパスが正しくなくなります。そのため、ファイルの移動を行った場合は、パスの修正が必要です。

▶ Point 2

パスを修正します。
「index.html」ファイルを開いて、次の構文に含まれているファイルのパスを修正します。

●6行目

```
<link rel="stylesheet" href="style.css">
```

```
<link rel="stylesheet" href="css/style.css">
```

●12行目

```
<img src="logo.png" alt="国家検定 ウェブデザイン技能検定" width="217" height="40">
```

```
<img src="img/logo.png" alt="国家検定 ウェブデザイン技能検定" width="217" height="40">
```

●29行目

```
<img src="main_image.jpg" alt="" height="250">
```

```
<img src="img/main_image.jpg" alt="" height="250">
```

> HTMLファイルやCSSファイルを編集するには、検定試験の指定エディタである「TeraPad」や「サクラエディタ」、「Sublime Text」を使うとよいでしょう。
> 「メモ帳」や「ワードパッド」でも編集できますが、コーディングに便利な機能が無く、また文字化けする場合があります。指定エディタは文字色の変更や行数の表示などができるので、ウェブページの作成に適しています。

修正できたら、ファイルを上書き保存し、ウェブブラウザで「index.html」ファイルの表示を確認しておきましょう。

概要

R3 第1回

R3 第2回

R3 第3回

R2 第2回

R2 第3回

R2 第4回

▶ **Point 3**

CSSファイルのパスを修正します。
「**style.css**」ファイルを開いて、次の構文に含まれているファイルのパスを修正します。

● 10行目

```
background-image: url(bg.png);
```

```
background-image: url(../img/bg.png);
```

● 129行目

```
background-image: url(bd.png);
```

```
background-image: url(../img/bd.png);
```

● 134行目

```
background: url(ar.png) no-repeat left center;
```

```
background: url(../img/ar.png) no-repeat left center;
```

> 「css」フォルダ内にある「style.css」から「img」フォルダ内のファイルを参照する場合は、「相対パス」で指定します。相対パスは、階層をたどって記述するため、「../img/ファイル名」という形になります。「../」で1つ上の階層を表します。

修正できたら、ファイルを上書き保存し、ウェブブラウザで「**index.html**」ファイルの表示を確認しておきましょう。

▶ **Point 4**

「**a1**」フォルダから、不要な「**fs.jpg**」ファイルを削除します。

以上で、作業1で必要な作業はすべて終了です。
「**index.html**」ファイルをウェブブラウザで開き、表示結果が作業前に確認した「**index.html**」ファイルの表示と同じなら、修正が正しく反映されています。同じ表示になっていない場合は、修正した箇所にミスがないかどうかを確認してください。

作業 2

この課題では、ウェブサイトの複数のHTMLファイルについて、指示されたナビゲーションの各要素にリンクを設定し、また、ページ本文の修正を行う必要があります。

●作業2の完成イメージ

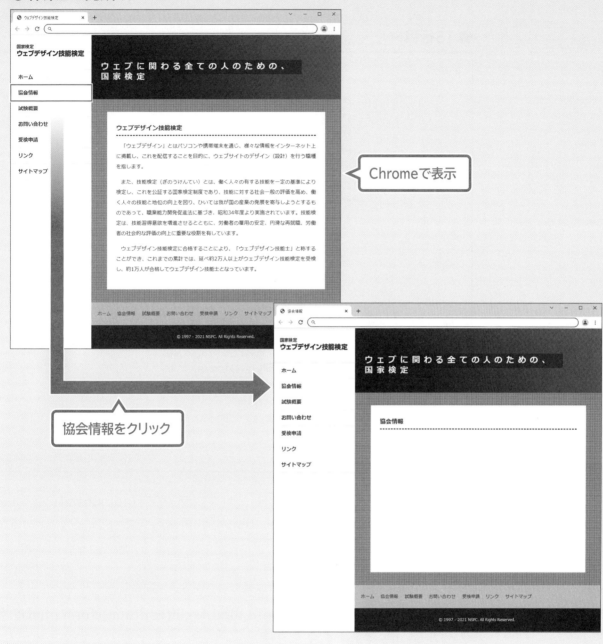

Chromeで表示

協会情報をクリック

概要

R3 第1回

R3 第2回

R3 第3回

R2 第2回

R2 第3回

R2 第4回

▶ Point 1

「index.html」ファイルのnav要素で指定されたグローバルナビゲーションにリンクを設定します。

「index.html」ファイルを開いて、次の構文に含まれているリンクの記述を修正します。

●15行目～

```
<nav>
  <ul>
    <li><a href="#">ホーム</a></li>
    <li><a href="#">協会情報</a></li>
    <li><a href="#">試験概要</a></li>
    <li><a href="#">お問い合わせ</a></li>
    <li><a href="#">受検申請</a></li>
    <li><a href="#">リンク</a></li>
    <li><a href="#">サイトマップ</a></li>
  </ul>
</nav>

            ⬇

<nav>
  <ul>
    <li><a href="index.html">ホーム</a></li>
    <li><a href="info.html">協会情報</a></li>
    <li><a href="skilltest.html">試験概要</a></li>
    <li><a href="form.html">お問い合わせ</a></li>
    <li><a href="#">受検申請</a></li>
    <li><a href="#">リンク</a></li>
    <li><a href="#">サイトマップ</a></li>
  </ul>
</nav>
```

修正できたら、ファイルを上書き保存し、ウェブブラウザで「index.html」ファイルを開いて、各グローバルナビゲーションのリンクが正しく設定されているかどうかをクリックして確認しておきましょう。

▶ Point 2

「index.html」ファイルと同様に、「info.html」「skilltest.html」「form.html」の各ファイルも修正します。

すべてのファイルで正しくリンクが設定されているかどうかを確認しておきましょう。

> 1ファイルごとに入力してもよいですが、入力ミスを防ぐには「index.html」ファイルの該当箇所をコピーし、ほかのHTMLファイルの該当箇所に貼り付けるとよいでしょう。

Point 3

「info.html」ファイル内の「**A**」の箇所を修正します。
「info.html」ファイルを開いて<title>タグを確認し、次の構文に含まれている見出しの記述を<title>タグの内容と同じテキストに修正します。

●36行目

```
<h1>A</h1>
    ↓
<h1>協会情報</h1>
```

修正できたら、ファイルを上書き保存し、ウェブブラウザで「info.html」ファイルの表示を確認しておきましょう。

 Point 4

「info.html」ファイルと同様に、「skilltest.html」「form.html」の各ファイルも修正します。

「skilltest.html」ファイル

●36行目

```
<h1>B</h1>
    ↓
<h1>試験概要</h1>
```

「form.html」ファイル

●36行目

```
<h1>C</h1>
    ↓
<h1>お問い合わせ</h1>
```

修正できたら、ファイルを上書き保存し、ウェブブラウザで「skilltest.html」「form.html」の各ファイルの表示を確認しておきましょう。

以上で、作業2で必要な作業はすべて終了です。
すべてのHTMLファイルをウェブブラウザで開いて、次の点を確認しておきましょう。
- ●指定されたグローバルナビゲーションにリンクが設定されている。
- ●本文中の「**A**」「**B**」「**C**」だった箇所が、ページタイトルと同じになっている。

概要

R3 第1回

R3 第2回

R3 第3回

R2 第2回

R2 第3回

R2 第4回

作業 ❸

この課題では、CSSファイルを編集して、指定されたコンテンツのレイアウトを修正する必要があります。

●作業3の完成イメージ

Chromeで表示

▶ Point 1

「style.css」ファイルを開いて、次の構文に含まれている余白の設定を修正します。

●99行目

※縦方向の余白については修正する必要はありません。

修正できたら、ファイルを上書き保存し、ウェブブラウザで「index.html」ファイルの表示を確認しておきましょう。

以上で、作業3で必要な作業はすべて終了です。
完成イメージと同じように、左に寄ったコンテンツが中央に配置されるようになっていれば、修正が正しく反映されています。同じ表示になっていない場合は、修正した箇所にミスがないかどうかを確認してください。

作業 4 この課題では、CSSファイルを編集して、h1要素の背景や文字の色を変更する必要があります。

●作業4の完成イメージ

Chromeで表示

概要

R3 第1回

R3 第2回

R3 第3回

R2 第2回

R2 第3回

R2 第4回

▶ **Point 1**　「style.css」ファイルを開いて、h1要素に関する記述に次の2行を追加・修正します。

●107行目～

```
h1 {
    border: double 3px #333333;
    color: #000000;
    margin: 0 auto 40px;
    padding: 10px;
    text-align: center;
}

h1 {
    border: double 3px #333333;
    color: #ffffff;
    margin: 0 auto 40px;
    padding: 10px;
    text-align: center;
    background-color: #333333;
}
```

※修正内容は一例になります。これ以外の記述でも実現は可能です。

30

CSSファイルを修正する場合は、次のような点に注意しましょう。
- プロパティ入力時にスペルミスをしない。
- 「:（コロン）」や「;（セミコロン）」を正しい位置に入力する。

修正できたら、ファイルを上書き保存し、ウェブブラウザで「index.html」ファイルの表示を確認しておきましょう。

以上で、作業4で必要な作業はすべて終了です。
正しく修正が行われていれば、完成イメージと同じように見出し部分の背景と文字に指定した色が付きます。同じ表示になっていない場合は、修正した箇所にミスがないかどうかを確認してください。

作業 ❺

この課題では、完成イメージファイルを参考にCSSファイルを編集して、適切な背景画像を適用する必要があります。

●作業5の完成イメージ

▶ Point 1

「img.png」ファイルを開いて、適用すべき背景画像のイメージを確認します。

全体の背景：青系のレンガ模様
内側の背景：白と灰色の市松模様

▶ Point 2

「img」フォルダを開いて、適切な画像素材を探します。

全体の背景：青系のレンガ模様　→　b3.png
内側の背景：白と灰色の市松模様　→　c1.gif

▶ Point 3

「style.css」ファイルを開いて、body要素とid="wrap"に関する記述に、次の行を追加します。

●8行目～

```
body {
    color: #333333;
    font-family: "メイリオ", 'MS PGothic', Osaka, sans-serif;
    font-size: 16px;
    margin: 0 0 150px 0;
    min-height: 100%;
    padding: 0;
    background-image: url(img/b3.png);
}
```

●30行目～

```
#wrap {
    background-color: #ffffff;
    border: solid 1px #000;
    line-height: 200%;
    margin: 20px auto 50px;
    min-height: 100%;
    padding-bottom: 40px;
    width: 918px;
    background-image: url(img/c1.gif);
}
```

修正できたら、ファイルを上書き保存し、ウェブブラウザで「index.html」ファイルの表示を確認しておきましょう。

▶ Point 4

「a5」フォルダから不要なファイルを削除します。
削除するファイルは、次のとおりです。

img.png、「img」フォルダ内のb1.png、b2.png、c2.gif、c3.gif

※「img」フォルダ内の不要なファイルも忘れずに削除しましょう。

以上で、作業5で必要な作業はすべて終了です。
正しく修正が行われていれば、全体の背景と内側の背景がimg.pngと同じイメージで表示されます。同じ表示になっていない場合は、修正した箇所にミスがないかどうかを確認してください。

概要

R3 第1回

R3 第2回

R3 第3回

R2 第2回

R2 第3回

R2 第4回

作業 ⑥

この課題では、HTMLファイルの内容を別のテキストファイルに置き換え、さらにその
テキストを正しく構造化して、更新する必要があります。

●作業6の完成イメージ

Chromeで表示

▶ **Point 1** 　「sample.txt」ファイルを開いて、指定された要素をどのように使うかを確認します。

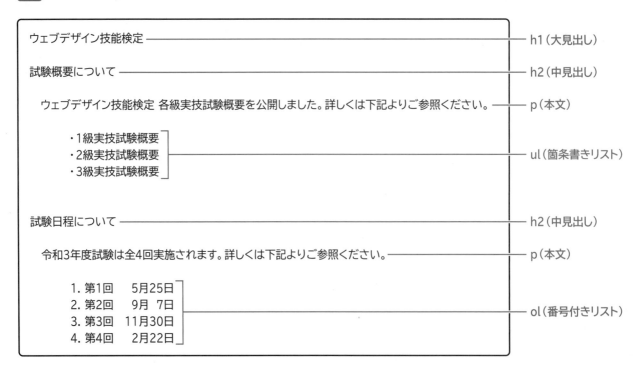

ウェブデザイン技能検定	h1（大見出し）
試験概要について	h2（中見出し）
ウェブデザイン技能検定 各級実技試験概要を公開しました。詳しくは下記よりご参照ください。	p（本文）
・1級実技試験概要 ・2級実技試験概要 ・3級実技試験概要	ul（箇条書きリスト）
試験日程について	h2（中見出し）
令和3年度試験は全4回実施されます。詳しくは下記よりご参照ください。	p（本文）
1. 第1回　　5月25日 2. 第2回　　9月 7日 3. 第3回　11月30日 4. 第4回　　2月22日	ol（番号付きリスト）

▶ **Point 2**　「index.html」ファイルを開いて、main要素内のh1要素とp要素の内容をすべて削除します。

▶ **Point 3**　「sample.txt」ファイルの情報を、「index.html」ファイルのmain要素内に構造化しながら書き込んでいきます。

●32行目〜

```
<main>
  <h1>ウェブデザイン技能検定</h1>
  <h2>試験概要について</h2>
  <p>ウェブデザイン技能検定　各級実技試験概要を公開しました。詳しくは下記よりご参照ください。</p>
  <ul>
    <li>1級実技試験概要</li>
    <li>2級実技試験概要</li>
    <li>3級実技試験概要</li>
  </ul>
  <h2>試験日程について</h2>
  <p>令和3年度試験は全4回実施されます。詳しくは下記よりご参照ください。</p>
  <ol>
    <li>第1回　　5月25日</li>
    <li>第2回　　9月　7日</li>
    <li>第3回　11月30日</li>
    <li>第4回　　2月22日</li>
  </ol>
</main>
```

> 構造化を行う際には、インデントは付けなくてもかまいません。

> 箇条書きリスト（ul要素）や番号付きリスト（ol要素）の各リスト項目は、li要素で指定します。

修正できたら、ファイルを上書き保存し、ウェブブラウザで「index.html」ファイルの表示を確認しておきましょう。

▶ **Point 4**　「a6」フォルダから、不要な「sample.txt」ファイルを削除します。

以上で、作業6で必要な作業はすべて終了です。
正しく修正されていれば、大見出し、中見出し、本文、箇条書きリスト、番号付きリストなどが確認できます。完成イメージと同じ表示になっていない場合は、修正した箇所にミスがないかどうかを確認してください。

最後に

作成したデータに、不要なファイルがないかどうかを再度確認してください。

また、検定公式ウェブブラウザであるGoogle Chrome、Mozilla Firefox、Microsoft Edgeのどれを使用しても、表示やレイアウトの崩れなどがないかどうかを確認してください。

3級実技試験は6課題のうち、5つを選択し提出することとなっています。全課題について解答データを作成した際には、作成したデータの「a1」から「a6」より、5つのフォルダを「wd3」フォルダに残し、不要なフォルダは削除して作業は完了となります。

※ほかの回の実技問題を解く際には、素材や解答データが混ざらないよう、作業が終了した「wd3」フォルダは、適宜フォルダを作成するなどしてデスクトップから移動させてください。

令和3年度
第2回試験
解答と解説

第1問　解答 **2**

解説 「16進数カラーコード」では、1桁を0からfまでの16進数で表現し、#に続けて先頭から2桁ごとに赤・緑・青の濃淡を表現します。それぞれの色は0が最も薄く（弱く）、fに近づくほど色は濃く（強く）表示されます。「#ff0000」は赤、「#00ff00」は黄緑、「#0000ff」は青となり、赤・緑・青の濃淡を組み合わせることで様々な色を表現できます。

光の三原色では赤・緑・青のすべての色を重ねると白となる原理のため「#ffffff」は白、「#000000」は黒になります。

第2問　解答 **2**

解説 「ul要素」は、項目の順序なしリストを表示します。一般的に、行頭記号を伴うリストとして表示されます。リストの各項目は「li要素」で指定します。ul要素の直下には必ず1つ以上のli要素が必要です。

また、同様のリスト構造として「ol要素」もあります。一般的に、番号付きリストとして表示されます。順序に意味がある場合はol要素で指定します。

第3問　解答 **2**

解説 「アスペクト比」とは、画面や画像の縦と横の長さの比率になります。

最近のテレビや多くのノートパソコンなどでは16：9のアスペクト比が採用されています。

第4問　解答 **2**

解説 アクセシビリティの観点から、画像や動画などの非テキストコンテンツが、そのページの中で与えられている役割に応じて、意味のある代替テキストを提供する必要があります。

検索ボタンとして虫眼鏡の画像を使用する場合は、その画像の役割を考慮して「検索」と指定するのが適切です。

第5問 解答 **1**

解説 ウェブサーバに保存されているファイルは、公開終了でもアクセスできてしまう状態であることが問題です。

古いファイルを公開してしまうといったリスクだけでなく、悪意のある攻撃者の目に触れてしまった場合には、大きなセキュリティインシデントにつながりかねません。

不要なファイルは削除するか、インターネット上からアクセスできない場所に保管します。

第6問 解答 **1**

解説 長時間の情報機器 (VDT) 作業は目や身体、心の負担を感じさせることにつながるため、厚生労働省は平成14年にIT技術の進展に対応すべく、「**VDT作業における労働衛生管理のためのガイドライン**」を策定しました。また、情報機器の多様化に伴い、令和元年には「**情報機器作業における労働衛生管理のためのガイドライン**」を新たに策定しました。

これらのガイドラインは、情報機器 (VDT) 作業者の疲労を軽減し、支障なく作業ができるようにするために策定されたものです。

第7問 解答 **1**

解説 「progress要素」は作業の進捗状況を示します。現在の作業の完了を決定する2つの属性があります。「value属性」は完了した作業の量を指定し、「max属性」は作業が必要とする合計の作業量を指定します。

第8問 解答 **2**

解説 「IoT」とは「Internet of Things」の略で、直訳するとモノのインターネットという意味です。

従来インターネットに接続していたパソコン・スマートフォン・通信機器だけではなく、身の回りにある、あらゆるモノがネットワークを通じて通信可能となり、より多くの情報交換が可能となります。

第9問 解答 **2**

解説 「著作権」とは、著作物を保護するための権利です。著作物を創作した時点で自動的に著作権が発生するため、登録しなくても権利を行使できます。審査を経て登録しないと権利が行使できないものとして「特許権」などがあります。

第10問 　解答 **2**

解説 「GIF形式」は「Graphics Interchange Format」の略で、画像を圧縮して保存する可逆圧縮形式のファイル形式です。256色を扱うことができ、イラストやロゴなど色数の少ない画像に適しています。GIF形式は、透過は可能ですが半透明の画像は作成できません。

「PNG形式」は「Portable Network Graphics」の略で、フルカラーの1670万色まで扱うことができ、透過処理や半透明指定も可能です。

第11問 　解答 **3**

解説 「ウェブブラウザ」は、ウェブサイトのグラフィカルな閲覧や操作をするためのソフトウェアです。

「ターミナル」と「コンソール」は、環境やOSによって多少意味合いが変わりますが、どちらもコンピュータの操作のための入出力機器を持つハードウェアや、機器の機能を持ったソフトウェアのことを指します。一般的に本体に直接つながったものをコンソールと呼び、遠隔でつながったものをターミナルと呼びます。

「エクスプローラ」は、Windowsでフォルダやファイル管理ができるソフトウェアです。フォルダやファイルの検索、コピー、移動、削除、閲覧などができます。

第12問 　解答 **4**

解説 フォントの太さを指定するには、「font-weightプロパティ」を使用します。値には「normal」（通常）や「bold」（太字）、数値指定ができます。

「font-styleプロパティ」は、フォントのスタイルを定義します。値には「normal」（通常）や「italic」（筆記体）、「oblique」（斜体）が指定できます。プロパティにfont-bold、font-widthは存在しません。

第13問 　解答 **4**

解説 「ユニバーサルデザイン」とは、ユニバーサルという単語が普遍的な、全体の、という意味であるように、すべての人のためのデザインを指します。年齢や障がいの有無、体格、性別、国籍などにかかわらず、多くの人が利用できるようにデザインする考え方です。障がいのある人のための便利さ・使いやすさという視点だけではありません。

第14問 　解答 **3**

解説 「フィッシング行為」とは、正規のアクセス管理者を装い、偽のウェブサイトや不正メールを利用し、住所、氏名、銀行口座番号、クレジットカード番号などの個人情報を窃取する行為です。

「不正アクセス行為の禁止等に関する法律」の第七条（識別符号の入力を不正に要求する行為の禁止）に該当します。

第15問 解答 **3**

解説 問題文の図からtable要素、th要素、td要素に対して枠線が引かれていることがわかります。また、CSSで複数のセレクタに同じスタイルを指定する場合は、選択肢3のように、セレクタをカンマ(,)で区切って指定します。

選択肢4のように、セレクタをスペースで区切って指定するとセレクタが結合され、1つ目のセレクタに一致する要素の下の階層にある2つ目のセレクタに一致する子孫要素に、スタイルを適用することができます。結合されたセレクタは「子孫セレクタ」と呼ばれます。

第16問 解答 **2**

解説 「パスワードリスト攻撃」とは、ほかのサービスから流出、窃取されたIDとパスワードから構成されたパスワードリストを利用し、アカウントの乗っ取りを行う攻撃です。

各種サービスの普及により、多くのサービスのアカウント情報を同一のID・パスワードで使うケースが増えており、パスワード攻撃が有効となっている要因として挙げられます。

「セッションハイジャック」とは、何らかの手段で「セッションID」(通信番号)の情報を窃取し、本人に成り代わって通信を行うというサイバー攻撃です。

ウェブアプリケーションとウェブブラウザは複数の通信において「セッションID」を使って通信中のユーザを識別しています。

「DDoS攻撃」とは、「Distributed Denial of Service attack」の略で、複数のパソコンを踏み台にして、サーバに負荷をかけるサイバー攻撃です。

「ドライブバイダウンロード攻撃」とは、ユーザが特定のウェブサイトを訪問した際に悪意のある不正プログラムを自動的にダウンロードさせる攻撃です。

第17問 解答 **4**

解説 「article要素」は、ページやサイトなどの中で、自己完結しており、個別に配信や再利用を行うことを意図していることを表します。ブログやニュースの記事のように、その範囲だけで内容が完結しているセクションに、article要素を使用します。

「div要素」は、その範囲を1つのかたまりとしてグループ化します。要素自体に意味はありません。

「aside要素」は、メインコンテンツには含まれないセクション(広告・リンクの一覧・本文の一部抜粋を伴う記事へのリンクなど)に使用します。

「section要素」は、一般的、汎用的なセクションを意味します。章や節の範囲、その他のセクション(article要素・aside要素・nav要素には該当しないセクション)に使用します。

第18問　**解答** **1**

解説 厚生労働省の「情報機器作業における労働衛生管理のためのガイドライン」では、次のように明記されています。

> 4　作業環境管理
> （1）　照明及び採光
> □　ディスプレイを用いる場合の書類上及びキーボード上における照度は300ルクス以上とし、作業しやすい照度とすること。
> また、ディスプレイ画面の明るさ、書類及びキーボード面における明るさと周辺の明るさの差はなるべく小さくすること。

第19問　**解答** **1**

解説 「補色」とは、色相環において正反対に位置する色の組み合わせのことです。組み合わせることでお互いを鮮やかに見せたり、一方の色を目立たせたりする効果があります。「彩度」とは、色の鮮やかさを意味します。彩度が高くなるほど鮮やかな色になり、低くなるほどモノトーン（白黒）に近づきます。

第20問　**解答** **4**

解説 「strong要素」は、内容に対する強い重要性や深刻さ、または緊急性を表します。「b要素」は、注目付け要素として、要素の内容に読み手の注意を引きたい場合で、ほかに特別な意味がないものに使用します。見出しであれば「h1〜h6要素」、強調であれば「em要素」、重要項目であれば「strong要素」を使用します。
「u要素」は、非言語的に注釈があることを表します。
「span要素」は、特に意味を持たないタグです。主にスタイル付けのために要素をグループ化する用途で使用します。

第21問　**解答** **3**

解説 「JIS X 8341-3」とは、正式名称を「高齢者・障害者等配慮設計指針−情報通信における機器，ソフトウェア及びサービス−第3部：ウェブコンテンツ」といい、ウェブアクセシビリティの品質基準の規格です。この規格では、次のように目的を定めています。

> 『JIS X 8341-3：2016』は、高齢者や障害のある人を含む全ての利用者が、使用している端末、ウェブブラウザ、支援技術などに関係なく、ウェブコンテンツを利用することができるようにすることを目的としている。

第22問　**解答** **4**

解説 「blockquote要素」は、見出しと段落を含む範囲を引用する場合に使用します。
「q要素」は、1行程度の短文など、改行を必要としないシンプルな引用の際に使用します。

第23問　**解答** **2**

解説 「セキュリティホール」とは、OSやアプリケーションソフト、ネットワークシステムなどにおいて、プログラムの不具合や設計ミスが原因となって生じた、セキュリティ上の弱点や欠陥のことです。
「セキュリティターゲット」とは、システムが備えるべきセキュリティ機能に対する要件と、その仕様をまとめたセキュリティ設計仕様書のことです。
「セキュリティパッチ」とは、プログラムに脆弱性やセキュリティホールなどが発見された際に、それらの問題を修正するためのプログラムのことです。
「サイバーセキュリティ」とは、サイバー攻撃を防止することを指します。サイバーセキュリティが防ぐべきサイバー攻撃には、不正アクセス、データの窃取・流出・改ざんなどがあり、それらは日々新たな手法が生み出されています。

第24問　**解答** **2**

解説 「テザリング」とは、インターネットに直接接続する機能が付いていないノートパソコンやタブレット、ゲーム機などの機器を、スマートフォンなどの通信機能を使ってインターネットに接続することをいいます。

第25問　**解答** **1**

解説 「input要素」は、ユーザが入力した値を受け取ります。「type属性」の値に「date」を指定すると、日付の入力欄にカレンダーを表示し、日付を選択して入力できるようになります。カレンダーのインタフェースはウェブブラウザに依存します。type属性の値としては、「time」(時刻)、「datetime-local」(日付時刻)、「month」(年月)などがあります。
日付の期間範囲を設定する属性として、「min属性」(最小値)と「max属性」(最大値)も設定できます。

実技試験

作業の前に

ダウンロードした素材データから、「R03-2」フォルダ内の「data3 (R03-2)」フォルダをデスクトップにコピーしておきましょう。

作業で使用する素材は、「data3 (R03-2)」フォルダ内にあります。このフォルダには、作業1から作業6で使用する素材が「qx」フォルダという名前でまとめられています。

各作業の前に、デスクトップの「wd3」フォルダ内に「qx」フォルダをコピーし、フォルダの名前を「ax」に変更します。

※問題文の「data3」フォルダは、「data3 (R03-2)」フォルダに読み替えてください。

※「wd3」フォルダがない場合は、自分で作成します。

※「qx」「ax」の*x*は、作業1から作業6の各番号に読み替えてください。

作業①

この課題では、ウェブサイトのHTMLファイル、CSSファイル、および画像などのソースファイルを、指示されたサイトのディレクトリ構造を示す図に合わせて適切に配置し、構成する必要があります。

作業を開始する前に、ウェブブラウザで「index.html」ファイルの表示を確認しておきましょう。

●作業1の完成イメージ

Chromeで表示

▶ Point 1

「fs.jpg」ファイルを開いて、作成するディレクトリ構造を確認します。
「a1」フォルダ内が、「fs.jpg」ファイルで確認したディレクトリ構造と同じになるように、「css」フォルダおよび「img」フォルダを作成し、ファイルの移動を行います。

> ファイルを移動すると、「index.html」ファイル内で参照している画像ファイルやCSSファイルのパスが正しくなくなります。そのため、ファイルの移動を行った場合は、パスの修正が必要です。

▶ Point 2

パスを修正します。
「index.html」ファイルを開いて、次の構文に含まれているファイルのパスを修正します。

●6行目

```
<link rel="stylesheet" href="style.css">
```

```
<link rel="stylesheet" href="css/style.css">
```

●15行目

```
<img src="logo.png" alt="国家検定 ウェブデザイン技能検定" width="271" height="50">
```

```
<img src="img/logo.png" alt="国家検定 ウェブデザイン技能検定" width="271" height="50">
```

> HTMLファイルやCSSファイルを編集するには、検定試験の指定エディタである「TeraPad」や「サクラエディタ」、「Sublime Text」を使うとよいでしょう。
> 「メモ帳」や「ワードパッド」でも編集できますが、コーディングに便利な機能が無く、また文字化けする場合があります。指定エディタは文字色の変更や行数の表示などができるので、ウェブページの作成に適しています。

修正できたら、ファイルを上書き保存し、ウェブブラウザで「index.html」ファイルの表示を確認しておきましょう。

概要

R3 第1回

R3 第2回

R3 第3回

R2 第2回

R2 第3回

R2 第4回

▶ Point 3

CSSファイルのパスを修正します。
「**style.css**」ファイルを開いて、次の構文に含まれているファイルのパスを修正します。

●10行目

```
background-image: url(bg.png);
```

```
background-image: url(../img/bg.png);
```

●34行目

```
background-image: url(bd.png);
```

```
background-image: url(../img/bd.png);
```

●75行目

```
background: url(main_image.jpg) no-repeat center center;
```

```
background: url(../img/main_image.jpg) no-repeat center center;
```

●128行目

```
background: url(ar.png) no-repeat left center;
```

```
background: url(../img/ar.png) no-repeat left center;
```

> 「css」フォルダ内にある「style.css」から「img」フォルダ内のファイルを参照する場合は、「相対パス」で指定します。相対パスは、階層をたどって記述するため、「../img/ファイル名」という形になります。「../」で1つ上の階層を表します。

修正できたら、ファイルを上書き保存し、ウェブブラウザで「**index.html**」ファイルの表示を確認しておきましょう。

▶ Point 4

「**a1**」フォルダから、不要な「**fs.jpg**」ファイルを削除します。

以上で、作業1で必要な作業はすべて終了です。
「**index.html**」ファイルをウェブブラウザで開き、表示結果が作業前に確認した「**index.html**」ファイルの表示と同じなら、修正が正しく反映されています。同じ表示になっていない場合は、修正した箇所にミスがないかどうかを確認してください。

作業 ❷

この課題では、ウェブサイトの複数のHTMLファイルについて、指示されたナビゲーションの各要素にリンクを設定し、また、ページ本文の修正を行う必要があります。

●作業2の完成イメージ

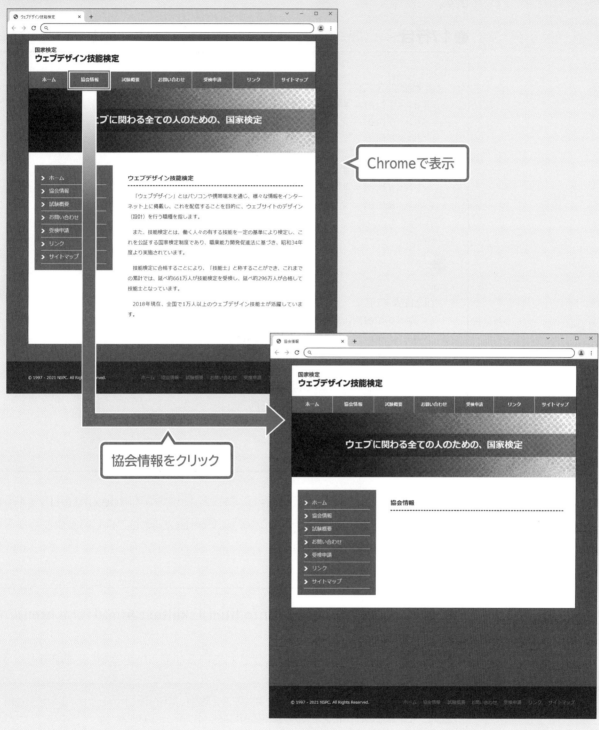

概要

R3 第1回

R3 第2回

R3 第3回

R2 第2回

R2 第3回

R2 第4回

46

▶ Point **1**

「index.html」ファイルのnav要素で指定されたグローバルナビゲーションにリンクを設定します。

「index.html」ファイルを開いて、次の構文に含まれているリンクの記述を修正します。

●17行目〜

```
<nav>
  <ul class="cf">
    <li><a href="#">ホーム</a></li>
    <li><a href="#">協会情報</a></li>
    <li><a href="#">試験概要</a></li>
    <li><a href="#">お問い合わせ</a></li>
    <li><a href="#">受検申請</a></li>
    <li><a href="#">リンク</a></li>
    <li><a href="#">サイトマップ</a></li>
  </ul>
</nav>

        ⬇

<nav>
  <ul class="cf">
    <li><a href="index.html">ホーム</a></li>
    <li><a href="info.html">協会情報</a></li>
    <li><a href="skilltest.html">試験概要</a></li>
    <li><a href="form.html">お問い合わせ</a></li>
    <li><a href="#">受検申請</a></li>
    <li><a href="#">リンク</a></li>
    <li><a href="#">サイトマップ</a></li>
  </ul>
</nav>
```

修正できたら、ファイルを上書き保存し、ウェブブラウザで「index.html」ファイルを開いて、各グローバルナビゲーションのリンクが正しく設定されているかどうかをクリックして確認しておきましょう。

▶ Point **2**

「index.html」ファイルと同様に、「info.html」「skilltest.html」「form.html」の各ファイルも修正します。

すべてのファイルで正しくリンクが設定されているかどうかを確認しておきましょう。

> 1ファイルごとに入力してもよいですが、入力ミスを防ぐには「index.html」ファイルの該当箇所をコピーし、ほかのHTMLファイルの該当箇所に貼り付けるとよいでしょう。

Point 3

「info.html」ファイル内の「**A**」の箇所を修正します。
「info.html」ファイルを開いて<title>タグを確認し、次の構文に含まれている見出しの記述を<title>タグの内容と同じテキストに修正します。

●35行目

```
<h1>A</h1>
```
⬇
```
<h1>協会情報</h1>
```

修正できたら、ファイルを上書き保存し、ウェブブラウザで「info.html」ファイルの表示を確認しておきましょう。

 Point 4

「info.html」ファイルと同様に、「**skilltest.html**」「**form.html**」の各ファイルも修正します。

「**skilltest.html**」ファイル

●35行目

```
<h1>B</h1>
```
⬇
```
<h1>試験概要</h1>
```

「**form.html**」ファイル

●35行目

```
<h1>C</h1>
```
⬇
```
<h1>お問い合わせ</h1>
```

修正できたら、ファイルを上書き保存し、ウェブブラウザで「**skilltest.html**」「**form.html**」の各ファイルの表示を確認しておきましょう。

以上で、作業2で必要な作業はすべて終了です。
すべてのHTMLファイルをウェブブラウザで開いて、次の点を確認しておきましょう。

● 指定されたグローバルナビゲーションにリンクが設定されている。
● 本文中の「**A**」「**B**」「**C**」だった箇所が、ページタイトルと同じになっている。

概要

R3 第1回

R3 第2回

R3 第3回

R2 第2回

R2 第3回

R2 第4回

作業 ③

この課題では、CSSファイルを編集して、指定されたコンテンツのレイアウトを修正する必要があります。

●作業3の完成イメージ

Chromeで表示

▶ Point 1

「style.css」ファイルを開いて、次の構文に含まれている余白の設定を修正します。

●35行目

```
margin: 20px 0 50px;
```

```
margin: 20px auto 50px;
```

※縦方向の余白については修正する必要はありません。

修正できたら、ファイルを上書き保存し、ウェブブラウザで「index.html」ファイルの表示を確認しておきましょう。

以上で、作業3で必要な作業はすべて終了です。
完成イメージと同じように、左に寄ったコンテンツが中央に配置されるようになっていれば、修正が正しく反映されています。同じ表示になっていない場合は、修正した箇所にミスがないかどうかを確認してください。

概要

R3 第1回

R3 第2回

R3 第3回

R2 第2回

R2 第3回

R2 第4回

作業④ この課題では、CSSファイルを編集して、h1要素の背景や文字の色を変更する必要があります。

●作業4の完成イメージ

Chromeで表示

▶ Point 1

「style.css」ファイルを開いて、h1要素に関する記述に次の2行を追加します。

●102行目〜

```
h1 {
    border: double 3px #333333;
    font-size: 1.2em;
    margin-top: 0;
    padding: 10px 15px;
    background-color: #504050;
    color: #ffffff;
}
```

※修正内容は一例になります。これ以外の記述でも実現は可能です。

> CSSファイルを修正する場合は、次のような点に注意しましょう。
> ●プロパティ入力時にスペルミスをしない。
> ●「:（コロン）」や「;（セミコロン）」を正しい位置に入力する。

修正できたら、ファイルを上書き保存し、ウェブブラウザで「index.html」ファイルの表示を確認しておきましょう。

以上で、作業4で必要な作業はすべて終了です。

正しく修正が行われていれば、完成イメージと同じように見出し部分の背景と文字に指定した色が付きます。同じ表示になっていない場合は、修正した箇所にミスがないかどうかを確認してください。

作業 ❺

この課題では、完成イメージファイルを参考にCSSファイルを編集して、適切な背景画像を適用する必要があります。

●作業5の完成イメージ

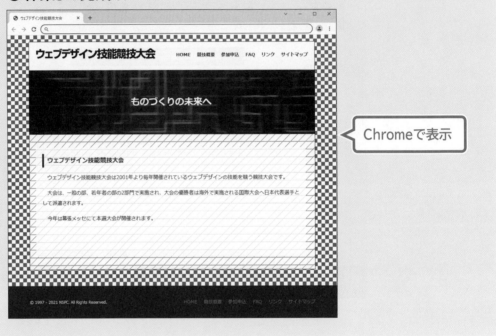

Chromeで表示

▶ Point 1

「img.png」ファイルを開いて、適用すべき背景画像のイメージを確認します。

全体の背景：青紫と白の市松模様
内側の背景：横線と斜線の模様

▶ Point 2

「img」フォルダを開いて、適切な画像素材を探します。

全体の背景：青紫と白の市松模様　→　b2.gif
内側の背景：横線と斜線の模様　　→　c3.png

概要

R3 第1回

R3 第2回

R3 第3回

R2 第2回

R2 第3回

R2 第4回

▶ **Point 3**　「style.css」ファイルを開いて、body要素とid="wrap"に関する記述に、次の行を追加します。

●8行目～

```
body {
    color: #333333;
    font-family: "メイリオ", 'MS PGothic', Osaka, sans-serif;
    font-size: 16px;
    margin: 0 0 150px 0;
    min-height: 100%;
    padding: 0;
    background-image: url(img/b2.gif);
}
```

●30行目～

```
#wrap {
    background-color: #ffffff;
    border: solid 1px #000;
    line-height: 200%;
    margin: 20px auto 50px;
    min-height: 100%;
    padding-bottom: 40px;
    width: 918px;
    background-image: url(img/c3.png);
}
```

修正できたら、ファイルを上書き保存し、ウェブブラウザで「**index.html**」ファイルの表示を確認しておきましょう。

▶ **Point 4**　「a5」フォルダから不要なファイルを削除します。
削除するファイルは、次のとおりです。

img.png、「img」フォルダ内のb1.gif、b3.gif、c1.png、c2.png

※「**img**」フォルダ内の不要なファイルも忘れずに削除しましょう。

以上で、作業5で必要な作業はすべて終了です。
正しく修正が行われていれば、全体の背景と内側の背景がimg.pngと同じイメージで表示されます。同じ表示になっていない場合は、修正した箇所にミスがないかどうかを確認してください。

作業⑥

この課題では、HTMLファイルの内容を別のテキストファイルに置き換え、さらにその
テキストを正しく構造化して、更新する必要があります。

●作業6の完成イメージ

Chromeで表示

▶ Point 1

「sample.txt」ファイルを開いて、指定された要素をどのように使うかを確認します。

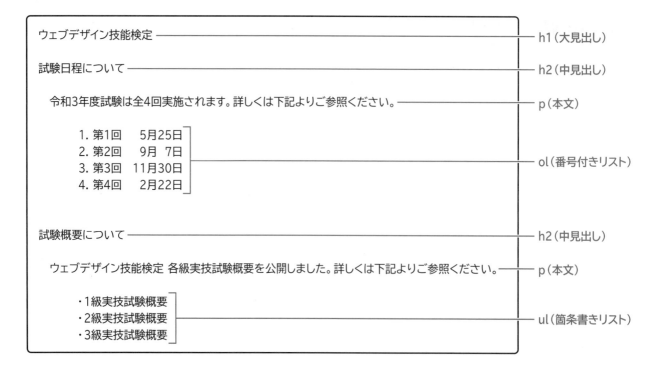

▶ Point 2

「index.html」ファイルを開いて、main要素内のh1要素とp要素の内容をすべて削除します。

▶ Point 3

「sample.txt」ファイルの情報を、「index.html」ファイルのmain要素内に構造化しながら書き込んでいきます。

● 35行目〜

```
<main>
  <h1>ウェブデザイン技能検定</h1>
  <h2>試験日程について</h2>
  <p>令和3年度試験は全4回実施されます。詳しくは下記よりご参照ください。</p>
  <ol>
    <li>第1回　　5月25日</li>
    <li>第2回　　9月　7日</li>
    <li>第3回　　11月30日</li>
    <li>第4回　　2月22日</li>
  </ol>
  <h2>試験概要について</h2>
  <p>ウェブデザイン技能検定　各級実技試験概要を公開しました。詳しくは下記よりご参照ください。</p>
  <ul>
    <li>1級実技試験概要</li>
    <li>2級実技試験概要</li>
    <li>3級実技試験概要</li>
  </ul>
</main>
```

構造化を行う際には、インデントは付けなくてもかまいません。

箇条書きリスト（ul要素）や番号付きリスト（ol要素）の各リスト項目は、li要素で指定します。

修正できたら、ファイルを上書き保存し、ウェブブラウザで「index.html」ファイルの表示を確認しておきましょう。

▶ Point 4

「a6」フォルダから、不要な「sample.txt」ファイルを削除します。

以上で、作業6で必要な作業はすべて終了です。
正しく修正されていれば、大見出し、中見出し、本文、箇条書きリスト、番号付きリストなどが確認できます。完成イメージと同じ表示になっていない場合は、修正した箇所にミスがないかどうかを確認してください。

概要

R3 第1回

R3 第2回

R3 第3回

R2 第2回

R2 第3回

R2 第4回

最後に

作成したデータに、不要なファイルがないかどうかを再度確認してください。

また、検定公式ウェブブラウザであるGoogle Chrome、Mozilla Firefox、Microsoft Edgeのどれを使用しても、表示やレイアウトの崩れなどがないかどうかを確認してください。

3級実技試験は6課題のうち、5つを選択し提出することとなっています。全課題について解答データを作成した際には、作成したデータの「a1」から「a6」より、5つのフォルダを「wd3」フォルダに残し、不要なフォルダは削除して作業は完了となります。

※ほかの回の実技問題を解く際には、素材や解答データが混ざらないよう、作業が終了した「wd3」フォルダは、適宜フォルダを作成するなどしてデスクトップから移動させてください。

令和3年度
第3回試験
解答と解説

学科試験

第1問　**解答** 2

解説 インターネットなどで著作物を自動的に公衆に送信し得る状態に置く「**送信可能化権**」は、著作権の対象となります。他人の著作物を無断でアップロードする行為は、アクセス数の多寡とは関係なく違法です。

第2問　**解答** 1

解説 「**グローバル属性**」は、すべてのHTML要素で共通して指定ができる属性です。ただし、要素によっては効果がないこともあります。
グローバル属性の代表的なものとしては、class属性、id属性、style属性、title属性などがあります。

第3問　**解答** 1

解説 「**ラジオボタン**」は、複数の選択肢から単一のものを選択させるためのものです。
注意が必要な点としては、name属性が同じものを1つのグループとして扱い、そのグループの中で単一選択になります。

第4問　**解答** 1

解説 厚生労働省が策定した「**情報機器作業における労働衛生管理のためのガイドライン**」に、次のように明記されています。

> 5　作業管理
> （2）　調整
> 　□　ディスプレイ
> （イ）おおむね40cm以上の視距離が確保できるようにし、この距離で見やすいように必要に応じて適切な眼鏡による矯正を行うこと。

概要

R3 第1回

R3 第2回

R3 第3回

R2 第2回

R2 第3回

R2 第4回

第5問　解答 **1**

解説　「HTML Review Draft—Published 29 January 2020」に、次のように明記されています。

> 4.4.15　The div element
> NOTE:
> 　Authors are strongly encouraged to view the <div> element as an element of last resort, for when no other element is suitable. Use of more appropriate elements instead of the <div> element leads to better accessibility for readers and easier maintainability for authors.

簡単に訳すと"ほかの要素が適切でない場合は、作成者はdiv要素を最後の手段の要素とみなすことを強くお勧めします。div要素の代わりに、より適切な要素を使用すると、読み手のアクセシビリティが向上し、作成者の保守性が向上します。"となります。

第6問　解答 **1**

解説　各ボックスは「コンテンツ領域」（テキストや画像）、「ボーダー領域」（境界線）、「パディング領域」（コンテンツ領域とボーダー領域間の余白）、「マージン領域」（ボーダーの外側の余白）で構成されています。
ボックスに背景スタイルを指定した場合、コンテンツ領域、ボーダー領域、パディング領域には、指定した背景が適用されますが、マージン領域は常に透明として扱われます。

第7問　解答 **2**

解説　「alt属性」は、画像を説明する代替テキストを指定しますが、装飾のための意味を持たない画像については、img要素のalt属性の値を空にします。この場合、文法エラーにはなりません。
alt属性は必須ではありませんが、できる限り上記のいずれかを指定するよう求められています。alt属性を完全に省略した場合は、画像がコンテンツにおいて重要な役割を持ち、代替となるテキストがないことを示します。

第8問　解答 **2**

解説　ウェブ標準規格を定めるW3Cによって、CSSの単位「px」は1px＝1/96 in（1px＝0.75pt）の絶対単位とされています。

第9問　| 解答 | **2**

| 解説 | スクリーンリーダー使用の有無に関係なく、文字フォントのサイズ変更をできるようにします。「WCAG 2.0」および「JIS X 8341-3」では、次のように規定されています。

> 1.4.4　テキストのサイズ変更
>
> 　キャプション及び文字画像を除き、テキストは、コンテンツ又は機能を損なうことなく、支援技術なしで200％までサイズ変更できる。(レベルAA)

「スクリーンリーダー」とは、コンピュータの画面読み上げソフトウェアのことです。視覚障がいを持つユーザがコンピュータを操作するために、画面の情報や操作を音声で読み上げることで操作を補助します。このソフトウェアを利用すると、いま何が表示されているか、選択した部分に何があるかがわかるようになります。
また、視覚に障がいがあっても、スクリーンリーダーの読み上げを使用せず、画面を拡大して見るユーザもいるため、テキストのサイズ変更をできることが必要です。

第10問　| 解答 | **1**

| 解説 | 「ワーム」とはマルウェアの一種で、単独で動作します。自分自身の複製を作成し、ネットワークを介してほかのコンピュータへの侵入を試みる不正プログラムです。
主にデータの改ざんや削除など、悪質な動作をするものが多いです。

第11問　| 解答 | **4**

| 解説 | ウェブコンテンツ「JIS（JIS X 8341-3）」のガイドラインに、次のように明記されています。

> 1.1　代替テキストのガイドライン
>
> 　全ての非テキストコンテンツには、拡大印刷、点字、音声、シンボル、平易な言葉などの利用者が必要とする形式に変換できるように、代替テキストを提供する。

第12問　| 解答 | **2**

| 解説 | 「p要素」は、テキストの段落を表す要素です。pは英語の「paragraph」(段落)の頭文字です。

第13問　| 解答 | **2**

| 解説 | 「クッキー」とは、ウェブサーバからウェブブラウザに送られるデータです。ユーザのログイン情報や閲覧情報などを使用して、ユーザ識別やセッション管理を行うために使用されます。

「リファラ」とは、ウェブページにあるリンクから別のページに移動したとき、その移動先のページから見て、リンク元になるページのことです。どこのページから来たのかを参照できます。

「キーロガー」とは、コンピュータへのキーボード入力を監視し、記録するソフトウェアまたはハードウェアのことです。

「マクロ」とは、アプリケーションの操作を自動化する仕組みのことです。

第14問 【解答】 **3**

【解説】 「イベントハンドラ」とは、特定のアクションがあった際に、事前に指定した処理を行える仕組みです。ウェブサイトでは、ウェブブラウザ上でのユーザの操作に対しての処理は、主にJavaScriptで記述しています。

問題文の「onclickイベントハンドラ」は、ボタンがクリックされたときにJavaScriptのchange()関数を実行するという意味になります。

第15問 【解答】 **3**

【解説】 c要素はありません。

「a要素」は、href属性を使用して、別のウェブページや同一ページ内の別の場所、ファイルなどへのURL、メールアドレスを指定してリンクを作成する要素です。

「b要素」は、読み手の注意を引きたい内容であるが、特別な重要性はないもの（キーワードや商品名など）に使用する要素です。以前は太字の文字列を表示するためのものでしたが、HTML4以降、スタイル情報はCSSで指定することになり、意味が変更されました。

「dd要素」は、定義リストであるdl要素内で、dt要素により指定された用語に対する説明、定義、または値を表すための要素です。

第16問 【解答】 **2**

【解説】 「font-styleプロパティ」は、フォントの書体を筆記体、斜体などに修飾する場合に使用するプロパティです。

設定できる値は、次のとおりです。

値	書体
normal	通常（初期値）
italic	筆記体
oblique	斜体

概要

R3 第1回

R3 第2回

R3 第3回

R2 第2回

R2 第3回

R2 第4回

第17問　**解答** 3

解説　「プログレスバー」とは、コンピュータのタスク処理の進捗状況を視覚的・直観的に表示するユーザインタフェースを指します。

ウェブサイト上では、HTML5から追加された「progress要素」を利用することで簡単に実現できます。progress要素の属性には、現時点の進捗状況を表す「value属性」、全体の作業量を表す「max属性」があります。

しかし、progress要素だけでは、時間経過と共に進捗が変わるような表現にはなりません。JavaScriptなどと組み合わせて、value属性の値を変更させるという方法で、プログレスバーが進んでいるように表現できます。

第18問　**解答** 1

解説　「meta要素」の「name属性」の値として「viewport」を設定すると、ウェブページの表示領域を指定できます。

content属性の「width=device-width」は、端末画面の幅に合わせる設定で、「initial-scale=1.0」は初期ズームの倍率を1.0倍に設定します。よって、選択肢1の“コンテンツをデバイスの表示領域に合わせて1倍で表示するように指定している。”が正解になります。

第19問　**解答** 4

解説　「非可逆圧縮方式」とは、圧縮前のデータと、圧縮・展開を経たデータとが完全には一致しないデータ圧縮方式のことです。「不可逆圧縮方式」とも呼ばれます。圧縮により一部のデータは欠落しますが、人間の感覚に伝わりにくい部分の情報を大幅に減らし、伝わりやすい部分の情報を多く残すことで、劣化を目立たなくします。

「可逆圧縮」とは、圧縮しても、元の状態で開くことができるという圧縮方式のことです。選択肢の画像のファイルフォーマットの圧縮方式は、次のとおりです。

種類	圧縮方式
BMP	無圧縮
PNG	可逆圧縮
GIF	可逆圧縮
JPEG	非可逆圧縮

第20問　**解答** 2

解説　「SFTP（SSH File Transfer Protocol）」は、SSHで暗号化した安全性の高い通信でファイルを送受信するためのプロトコル（仕組み）です。

「TLS（Transport Layer Security）」は、インターネットなどのTCP/IPネットワークで安全性の高い通信を行うプロトコルです。公開鍵認証や共通鍵暗号、ハッシュ化などの機能を提供します。

「SMTP（Simple Mail Transfer Protocol）」は、インターネットなどのTCP/IPネットワークで標準的に使われる、電子メール（eメール）を送信するための通信手順（プロトコル）の1つです。

「HTTP（Hypertext Transfer Protocol）」は、HTML、CSS、画像などのウェブページを構成するデータのやりとりについて、ウェブサーバとウェブブラウザ間の通信を定めたプロトコルです。

第21問　**解答** **3**

解説 「strong要素」は、重要性、重大性、または緊急性が高いテキストを表すときに使用する要素です。ウェブブラウザ上では、一般的に太字で描画されます。
「b要素」は、読み手の注意を引きたい内容ではあるが、特別な重要性はないものに使用する要素です。
「h3要素」は、見出し要素の1つです。
important要素という要素はありません。CSSで指定したプロパティを、優先順位にかかわらず最優先で適用させたいときに、プロパティ値のうしろに「!important」と記述するとその値が設定されます。

第22問　**解答** **2**

解説 項目の順序付きリストを作成する場合は、「ol要素」を使用します。
「ul要素」は、項目の順序なしリストを作成します。

第23問　**解答** **1**

解説 「光の三原色」とは、光の中での最も基本の色である赤（Red）・緑（Green）・青（Blue）のことで、この3色を「RGB」といいます。
ほかに絵画や印刷で使われる「色の三原色」があるので混同しないようにしてください。色の三原色は、シアン（cyan）・マゼンタ（magenta）・イエロー（yellow）の3色です。

第24問　**解答** **4**

解説 CSSの記述場所としては、style要素、style属性、外部ファイルの3つがあります。要素内容としてCSSを直接記述できるのは「style要素」です。
style属性を使う場合は、スタイルを適用したい要素にstyle属性を指定します。
外部ファイルを使う場合は、link要素でCSSファイルの場所を指定します。

第25問　**解答** **4**

解説 「ユニバーサルデザイン」とは、年齢や能力、状況などにかかわらず、誰にとっても使いやすいデザインや、そのための考え方です。ユニバーサルデザインでは、対象の利用者を限定するのではなく、できるだけ多くの人の利用を想定してデザインを行います。

概要

R3 第1回

R3 第2回

R3 第3回

R2 第2回

R2 第3回

R2 第4回

実技試験

作業の前に

ダウンロードした素材データから、「R03-3」フォルダ内の「data3（R03-3）」フォルダをデスクトップにコピーしておきましょう。

作業で使用する素材は、「data3（R03-3）」フォルダ内にあります。このフォルダには、作業1から作業6で使用する素材が「q*x*」フォルダという名前でまとめられています。

各作業の前に、デスクトップの「wd3」フォルダ内に「q*x*」フォルダをコピーし、フォルダの名前を「a*x*」に変更します。

※問題文の「data3」フォルダは、「data3（R03-3）」フォルダに読み替えてください。
※「wd3」フォルダがない場合は、自分で作成します。
※「q*x*」「a*x*」の*x*は、作業1から作業6の各番号に読み替えてください。

作業①

この課題では、ウェブサイトのHTMLファイル、CSSファイル、および画像などのソースファイルを、指示されたサイトのディレクトリ構造を示す図に合わせて適切に配置し、構成する必要があります。

作業を開始する前に、ウェブブラウザで「index.html」ファイルの表示を確認しておきましょう。

●作業1の完成イメージ

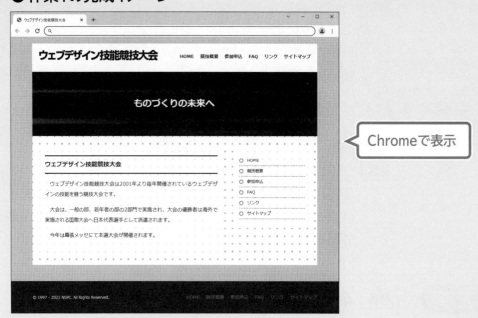

Chromeで表示

▶ Point 1

「fs.jpg」ファイルを開いて、作成するディレクトリ構造を確認します。
「a1」フォルダ内が、「fs.jpg」ファイルで確認したディレクトリ構造と同じになるように、「css」フォルダおよび「img」フォルダを作成し、ファイルの移動を行います。

> ファイルを移動すると、「index.html」ファイル内で参照している画像ファイルやCSSファイルのパスが正しくなくなります。そのため、ファイルの移動を行った場合は、パスの修正が必要です。

▶ Point 2

パスを修正します。
「index.html」ファイルを開いて、次の構文に含まれているファイルのパスを修正します。

●6行目

```
<link rel="stylesheet" href="style.css">
```

```
<link rel="stylesheet" href="css/style.css">
```

●15行目

```
<img src="logo.png" alt="ウェブデザイン技能競技大会">
```

```
<img src="img/logo.png" alt="ウェブデザイン技能競技大会">
```

> HTMLファイルやCSSファイルを編集するには、検定試験の指定エディタである「TeraPad」や「サクラエディタ」、「Sublime Text」を使うとよいでしょう。
> 「メモ帳」や「ワードパッド」でも編集できますが、コーディングに便利な機能が無く、また文字化けする場合があります。指定エディタは文字色の変更や行数の表示などができるので、ウェブページの作成に適しています。

修正できたら、ファイルを上書き保存し、ウェブブラウザで「index.html」ファイルの表示を確認しておきましょう。

概要

R3 第1回

R3 第2回

R3 第3回

R2 第2回

R2 第3回

R2 第4回

▶ Point 3

CSSファイルのパスを修正します。
「style.css」ファイルを開いて、次の構文に含まれているファイルのパスを修正します。

●10行目

```
background-image: url(bg.png);
```

```
background-image: url(../img/bg.png);
```

●34行目

```
background-image: url(bd.png);
```

```
background-image: url(../img/bd.png);
```

●76行目

```
background: url(main_image.jpg) no-repeat center center;
```

```
background: url(../img/main_image.jpg) no-repeat center center;
```

●128行目

```
background: url(ar.png) no-repeat left center;
```

```
background: url(../img/ar.png) no-repeat left center;
```

> 「css」フォルダ内にある「style.css」から「img」フォルダ内のファイルを参照する場合は、「相対パス」で指定します。相対パスは、階層をたどって記述するため、「../img/ファイル名」という形になります。「../」で1つ上の階層を表します。

修正できたら、ファイルを上書き保存し、ウェブブラウザで「index.html」ファイルの表示を確認しておきましょう。

▶ Point 4

「a1」フォルダから、不要な「fs.jpg」ファイルを削除します。

以上で、作業1で必要な作業はすべて終了です。
「index.html」ファイルをウェブブラウザで開き、表示結果が作業前に確認した「index.html」ファイルの表示と同じなら、修正が正しく反映されています。同じ表示になっていない場合は、修正した箇所にミスがないかどうかを確認してください。

作業 **2**

この課題では、ウェブサイトの複数のHTMLファイルについて、指示されたナビゲーションの各要素にリンクを設定し、また、ページ本文の修正を行う必要があります。

●作業2の完成イメージ

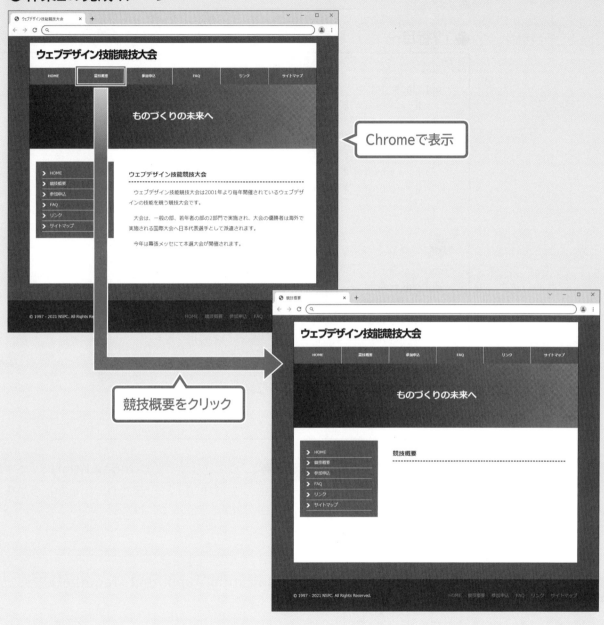

概要

R3 第1回

R3 第2回

R3 第3回

R2 第2回

R2 第3回

R2 第4回

66

▶ **Point 1**

「index.html」ファイルのnav要素で指定されたグローバルナビゲーションにリンクを設定します。

「index.html」ファイルを開いて、次の構文に含まれているリンクの記述を修正します。

●17行目〜

```
<nav>
  <ul class="cf">
    <li><a href="#">HOME</a></li>
    <li><a href="#">競技概要</a></li>
    <li><a href="#">参加申込</a></li>
    <li><a href="#">FAQ</a></li>
    <li><a href="#">リンク</a></li>
    <li><a href="#">サイトマップ</a></li>
  </ul>
</nav>
```

⬇

```
<nav>
  <ul class="cf">
    <li><a href="index.html">HOME</a></li>
    <li><a href="info.html">競技概要</a></li>
    <li><a href="app.html">参加申込</a></li>
    <li><a href="faq.html">FAQ</a></li>
    <li><a href="#">リンク</a></li>
    <li><a href="#">サイトマップ</a></li>
  </ul>
</nav>
```

修正できたら、ファイルを上書き保存し、ウェブブラウザで「index.html」ファイルを開いて、各グローバルナビゲーションのリンクが正しく設定されているかどうかをクリックして確認しておきましょう。

▶ **Point 2**

「index.html」ファイルと同様に、「info.html」「app.html」「faq.html」の各ファイルも修正します。

すべてのファイルで正しくリンクが設定されているかどうかを確認しておきましょう。

> 1ファイルごとに入力してもよいですが、入力ミスを防ぐには「index.html」ファイルの該当箇所をコピーし、ほかのHTMLファイルの該当箇所に貼り付けるとよいでしょう。

Point 3

「info.html」ファイル内の「A」の箇所を修正します。

「info.html」ファイルを開いて<title>タグを確認し、次の構文に含まれている見出しの記述を<title>タグの内容と同じテキストに修正します。

●34行目

```
<h1>A</h1>

⬇

<h1>競技概要</h1>
```

修正できたら、ファイルを上書き保存し、ウェブブラウザで「info.html」ファイルの表示を確認しておきましょう。

 Point 4

「info.html」ファイルと同様に、「app.html」「faq.html」の各ファイルも修正します。

「app.html」ファイル

●34行目

```
<h1>B</h1>

⬇

<h1>参加申込</h1>
```

「faq.html」ファイル

●34行目

```
<h1>C</h1>

⬇

<h1>FAQ</h1>
```

修正できたら、ファイルを上書き保存し、ウェブブラウザで「app.html」「faq.html」の各ファイルの表示を確認しておきましょう。

以上で、作業2で必要な作業はすべて終了です。
すべてのHTMLファイルをウェブブラウザで開いて、次の点を確認しておきましょう。
- ●指定されたグローバルナビゲーションにリンクが設定されている。
- ●本文中の「A」「B」「C」だった箇所が、ページタイトルと同じになっている。

概要

R3 第1回

R3 第2回

R3 第3回

R2 第2回

R2 第3回

R2 第4回

作業 ③

この課題では、CSSファイルを編集して、指定されたコンテンツのレイアウトを修正する必要があります。

●作業3の完成イメージ

Chromeで表示

▶ Point 1

「style.css」ファイルを開いて、次の構文に含まれている余白の設定を修正します。

●35行目

```
margin: 20px 0;
```
⬇
```
margin: 20px auto;
```

※縦方向の余白については修正する必要はありません。

修正できたら、ファイルを上書き保存し、ウェブブラウザで「index.html」ファイルの表示を確認しておきましょう。

以上で、作業3で必要な作業はすべて終了です。
完成イメージと同じように、左に寄ったコンテンツが中央に配置されるようになっていれば、修正が正しく反映されています。同じ表示になっていない場合は、修正した箇所にミスがないかどうかを確認してください。

作業 ④

この課題では、CSSファイルを編集して、h1要素の背景や文字の色を変更する必要があります。

●作業4の完成イメージ

Chromeで表示

概要

R3 第1回

R3 第2回

R3 第3回

R2 第2回

R2 第3回

R2 第4回

▶ Point 1

「style.css」ファイルを開いて、h1要素に関する記述に次の2行を追加します。

●102行目～

```
h1 {
    border: double 3px #333333;
    font-size: 1.2em;
    margin-top: 0;
    padding: 10px 15px;
    background-color: #556699;
    color: #ffffff;
}
```

※修正内容は一例になります。これ以外の記述でも実現は可能です。

> CSSファイルを修正する場合は、次のような点に注意しましょう。
> ● プロパティ入力時にスペルミスをしない。
> ●「:（コロン）」や「;（セミコロン）」を正しい位置に入力する。

修正できたら、ファイルを上書き保存し、ウェブブラウザで「index.html」ファイルの表示を確認しておきましょう。

以上で、作業4で必要な作業はすべて終了です。

正しく修正が行われていれば、完成イメージと同じように見出し部分の背景と文字に指定した色が付きます。同じ表示になっていない場合は、修正した箇所にミスがないかどうかを確認してください。

作業 ❺ この課題では、完成イメージファイルを参考にCSSファイルを編集して、適切な背景画像を適用する必要があります。

● 作業5の完成イメージ

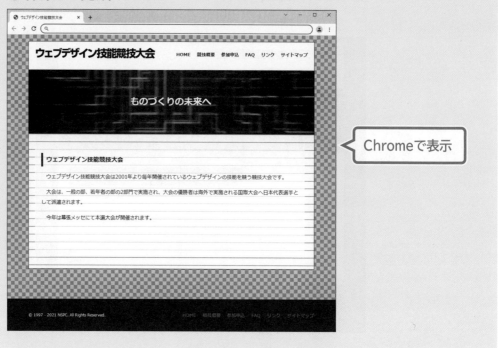

Chromeで表示

▶ Point 1 「img.png」ファイルを開いて、適用すべき背景画像のイメージを確認します。

全体の背景：緑とグレーの市松模様
内側の背景：白にグレーの横線の模様

▶ Point 2 「img」フォルダを開いて、適切な画像素材を探します。

全体の背景：緑とグレーの市松模様　→　b1.gif
内側の背景：白にグレーの横線の模様　→　c2.png

▶ Point 3

「style.css」ファイルを開いて、body要素とid="wrap"に関する記述に、次の行を追加します。

●8行目〜

```
body {
    color: #333333;
    font-family: "メイリオ", 'MS PGothic', Osaka, sans-serif;
    font-size: 16px;
    margin: 0 0 150px 0;
    min-height: 100%;
    padding: 0;
    background-image: url(img/b1.gif);
}
```

●30行目〜

```
#wrap {
    background-color: #ffffff;
    border: solid 1px #000;
    line-height: 200%;
    margin: 20px auto 50px;
    min-height: 100%;
    padding-bottom: 40px;
    width: 918px;
    background-image: url(img/c2.png);
}
```

修正できたら、ファイルを上書き保存し、ウェブブラウザで「index.html」ファイルの表示を確認しておきましょう。

▶ Point 4

「a5」フォルダから不要なファイルを削除します。
削除するファイルは、次のとおりです。

> img.png、「img」フォルダ内のb2.gif、b3.gif、c1.png、c3.png

※「img」フォルダ内の不要なファイルも忘れずに削除しましょう。

以上で、作業5で必要な作業はすべて終了です。
正しく修正が行われていれば、全体の背景と内側の背景がimg.pngと同じイメージで表示されます。同じ表示になっていない場合は、修正した箇所にミスがないかどうかを確認してください。

概要

R3 第1回

R3 第2回

R3 第3回

R2 第2回

R2 第3回

R2 第4回

作業 6

この課題では、HTMLファイルの内容を別のテキストファイルに置き換え、さらにその
テキストを正しく構造化して、更新する必要があります。

●作業6の完成イメージ

Chromeで表示

▶ Point 1

「sample.txt」ファイルを開いて、指定された要素をどのように使うかを確認します。

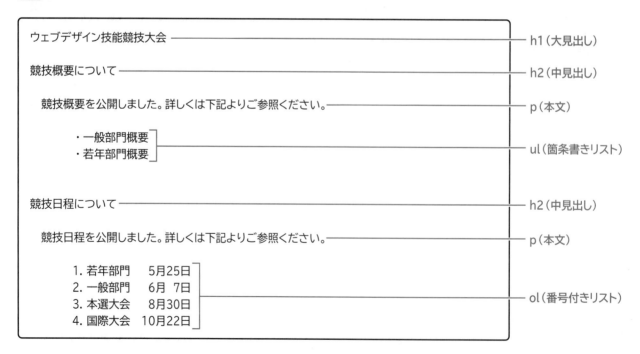

ウェブデザイン技能競技大会	h1（大見出し）
競技概要について	h2（中見出し）
競技概要を公開しました。詳しくは下記よりご参照ください。	p（本文）
・一般部門概要 ・若年部門概要	ul（箇条書きリスト）
競技日程について	h2（中見出し）
競技日程を公開しました。詳しくは下記よりご参照ください。	p（本文）
1. 若年部門　　5月25日 2. 一般部門　　6月 7日 3. 本選大会　　8月30日 4. 国際大会　　10月22日	ol（番号付きリスト）

▶ Point 2

「index.html」ファイルを開いて、main要素内のh1要素とp要素の内容をすべて削除します。

▶ Point 3

「sample.txt」ファイルの情報を、「index.html」ファイルのmain要素内に構造化しながら書き込んでいきます。

●33行目〜

```
<main>
    <h1>ウェブデザイン技能競技大会</h1>
    <h2>競技概要について</h2>
    <p>競技概要を公開しました。詳しくは下記よりご参照ください。</p>
    <ul>
        <li>一般部門概要</li>
        <li>若年部門概要</li>
    </ul>
    <h2>競技日程について</h2>
    <p>競技日程を公開しました。詳しくは下記よりご参照ください。</p>
    <ol>
        <li>若年部門　　　5月25日</li>
        <li>一般部門　　　6月　7日</li>
        <li>本選大会　　　8月30日</li>
        <li>国際大会　　10月22日</li>
    </ol>
</main>
```

構造化を行う際には、インデントは付けなくてもかまいません。

箇条書きリスト（ul要素）や番号付きリスト（ol要素）の各リスト項目は、li要素で指定します。

修正できたら、ファイルを上書き保存し、ウェブブラウザで「index.html」ファイルの表示を確認しておきましょう。

▶ Point 4

「a6」フォルダから、不要な「sample.txt」ファイルを削除します。

以上で、作業6で必要な作業はすべて終了です。
正しく修正されていれば、大見出し、中見出し、本文、箇条書きリスト、番号付きリストなどが確認できます。完成イメージと同じ表示になっていない場合は、修正した箇所にミスがないかどうかを確認してください。

最後に

作成したデータに、不要なファイルがないかどうかを再度確認してください。

また、検定公式ウェブブラウザであるGoogle Chrome、Mozilla Firefox、Microsoft Edgeのどれを使用しても、表示やレイアウトの崩れなどがないかどうかを確認してください。

3級実技試験は6課題のうち、5つを選択し提出することとなっています。全課題について解答データを作成した際には、作成したデータの「a1」から「a6」より、5つのフォルダを「wd3」フォルダに残し、不要なフォルダは削除して作業は完了となります。

※ほかの回の実技問題を解く際には、素材や解答データが混ざらないよう、作業が終了した「wd3」フォルダは、適宜フォルダを作成するなどしてデスクトップから移動させてください。

令和2年度
第2回試験
解答と解説

学科試験

第1問　**解答** **2**

解説 HTML 5.2では、タグの要素名や属性名の大文字・小文字は区別されないため、大文字で書いても文法エラーにはなりません。

第2問　**解答** **2**

解説 著作物を創作した時点で自動的に「**著作権**」が発生します。著作権のための審査は必要ありません。そのため、草稿であっても著作権が発生しており、著作権法によってその原稿は保護の対象となります。小説、音楽、絵画、地図、アニメ、漫画、映画、写真などは、それぞれ著作物に該当します。

第3問　**解答** **1**

解説 厚生労働省の「**情報機器作業における労働衛生管理のためのガイドライン**」で、全般的に作業時間管理への配慮が求められています。具体的には次のように明記されています。

> 5　作業管理
> (1)　作業時間等
>   イ　一日の作業時間
>   情報機器作業が過度に長時間にわたり行われることのないように指導すること。
>   ロ　一連続作業時間及び作業休止時間
>   一連続作業時間が1時間を超えないようにし、次の連続作業までの間に10分～15分の作業休止時間を設け、かつ、一連続作業時間内において1回～2回程度の小休止を設けるよう指導すること。
>   ハ　業務量への配慮
>   作業者の疲労の蓄積を防止するため、個々の作業者の特性を十分に配慮した無理のない適度な業務量となるよう配慮すること。

第4問 | **解答** **2**

解説 ウェブ標準規格を定めるW3Cによって、CSSの単位「**px**」は1px = 1/96 in（1px = 0.75pt）の絶対単位とされています。

第5問 | **解答** **2**

解説 「GIF（Graphic Interchange Format）」は、画像を圧縮して保存するファイル形式です。256色を扱うことができ、アイコンなど色数が少ないものを圧縮する際に向いています。
GIFは背景を透明にすることはできますが、半透明にすることはできません。

第6問 | **解答** **1**

解説 「header要素」は、文書またはセクションのヘッダを表します。
header要素の内容には、セクション（または文書全体）に対する、イントロダクションやナビゲーションの手助けとなる内容を配置します。
WHATWGのHTML仕様では、次のように明記されています。

> header要素は、通常、セクションの見出し(h1-h6要素またはhgroup要素)を含むように意図されましたが、これは必須ではありません。このheader要素は、セクションの目次、検索フォーム、または関連するロゴを含むこともできます。

第7問 | **解答** **1**

解説 ボックスのコンテンツ、パディング、ボーダーの各領域には、指定した背景が適用されますが、マージン領域は常に透明として扱われます。

第8問 | **解答** **2**

解説 スクリーンリーダー使用の有無に関係なく、文字フォントの大きさが変更できることはアクセシビリティにとって重要です。
「WCAG 2.0」には、次のように明記されています。

> 1.4.4　テキストのサイズ変更
> 　キャプション及び文字画像を除き、テキストは、コンテンツ又は機能を損なうことなく、支援技術なしで200%までサイズ変更できる。(レベル AA)

概要

R3 第1回

R3 第2回

R3 第3回

R2 第2回

R2 第3回

R2 第4回

第9問

解答 1

解説　「ワーム」とは、マルウェアの一種で、単独で動作します。自分自身の複製を作成し、ネットワークを介してほかのコンピュータへの侵入を試みる不正プログラムです。主にデータの改ざんや削除など、悪質な動作をするものが多いです。

第10問

解答 2

解説　「アスペクト比」とは、画面や画像の縦と横の長さの比率のことです。最近のテレビやパソコンは16：9のアスペクト比が主流です。

第11問

解答 1

解説　「p要素」の「p」とは、「paragraph」の略です。<p>〜</p>で囲まれたテキストは1つの段落であることを示します。
一般的なウェブブラウザの場合、<p>〜</p>の前後で1行分改行されます。

第12問

解答 2

解説　「色相（しきそう）」とは、赤、黄、青、緑といった色味・色合いのことです。色相を表すためによく使われるのが「色相環」です。色相環とは、代表的な色を円状に並べたもので、12色で表したり、24色で表したりします。
「補色」とは、色相環で正反対に位置する色の組み合わせのことです。

第13問

解答 4

解説　「blockquote要素」は、引用・転載文であることを示し、比較的長いテキストを段落ごと引用する際に使用されます。短いテキストの場合は、blockquote要素ではなく「q要素」を使用して引用・抜粋を行います。

第14問

解答 3

解説　HTML5以降、表の「border属性」の指定は、空文字か1だけが使用を認められています。それ以外の装飾は、CSSで記述します。

第15問

解答 **2**

解説 CSSの「marginプロパティ」は、上下左右のマージン(余白)をまとめて指定する際に使用します。上下左右を異なるマージン幅にしたい場合には、複数の値をスペースで区切って指定します。
値の指定方法によって設定されるマージンは、次のとおりです。

> 値を1つ指定した場合:記述した値が [上下左右] のマージン
> 値を2つ指定した場合:記述した順に [上下] [左右] のマージン
> 値を3つ指定した場合:記述した順に [上] [左右] [下] のマージン
> 値を4つ指定した場合:記述した順に [上] [右] [下] [左] のマージン

第16問

解答 **2**

解説 「**不正アクセス行為の禁止等に関する法律**」(不正アクセス禁止法)は、偽サイトに誘導して本人確認に使うIDやパスワードを不正に取得する「**フィッシング**」などの処罰化や、不正アクセス行為の罰則引き上げを主とした法律になります。
「**高度情報通信ネットワーク社会形成基本法**」(IT基本法)は、2000年11月に制定、2001年1月に施行された、すべての国民がITの成果を享受できる高度ネットワーク社会の確立を目指した法律です。その実現のために、世界最高水準の高度情報通信ネットワークの整備、電子商取引の促進、行政の情報化(電子政府、電子自治体)の推進および公共分野の情報化などが掲げられています。

第17問

解答 **3**

解説 ウェブコンテンツ「**JIS(JIS X 8341-3)**」のガイドライン2.1は、「**キーボード操作可能のガイドライン**」です。この内容は、W3Cが勧告している「**WCAG 2.0**」と一致しています。WCAG 2.0の解説書には、次のように明記されています。

> すべての機能がキーボードを用いて実現できる場合、キーボードの利用者、(キーボード入力を生成する)音声入力、(オンスクリーンキーボードを使用する)マウス、及び出力として疑似的なキーストロークを生成する様々な支援技術により、その機能を実現できる。キーボード入力が時間に依存しない限り、この柔軟性がある、又はあまねくサポートされる、及び様々な障害のある人が操作可能な入力形態は他にはない。

概要

R3 第1回

R3 第2回

R3 第3回

R2 第2回

R2 第3回

R2 第4回

第18問　　**解答** 1

解説 HTML5で「**big要素**」は廃止されました。medium要素、large要素はもともと存在しません。

「**small要素**」は、HTML4.01ではテキストを小さく表示する要素でしたが、HTML5では注釈や細目を表す要素となりました。これまでとは意味が変更されていますが、HTML5で使用できる要素です。

第19問　　**解答** 3

解説 CSSの記述場所としては、style要素、style属性、外部ファイルの3つがあります。要素内容としてCSSを直接記述できるのは「**style要素**」です。

第20問　　**解答** 2

解説 「**セキュリティホール**」とは、情報セキュリティを脅かすような、コンピュータの欠陥をいい、「**脆弱性**」とも呼ばれます。

「**セキュリティパッチ**」とは、プログラムにセキュリティホールが発見された際に、それらの問題を修正するためのプログラムのことです。

第21問　　**解答** 2

解説 HTML5の文書型宣言は、<!doctype html>です。<!DOCTYPE html>と記述することもあります。大文字・小文字どちらでも正しい宣言です。

第22問　　**解答** 3

解説 「**img要素**」の「**alt属性**」は、画像内容を説明するテキストを記入する属性です。画像を見ることができないときに、代わりに使用されます。

画像が表示されない場合は、alt属性に設定されている値がウェブブラウザ上に表示されます。

第23問 解答 **4**

解説 「非可逆圧縮方式」とは、「不可逆圧縮方式」とも呼ばれ、符号化方式の中で圧縮後の
データから圧縮前のデータを復元できない方式です。代表的なファイルフォーマット
にJPEG、MP3などがあります。
それに対して、「**可逆圧縮方式**」とは、符号化方式の中で圧縮後のデータから圧縮前
のデータを完全に復元できる方式です。代表的なファイルフォーマットにPNG、GIF
などがあります。

第24問 解答 **4**

解説 スライダー（レンジ入力欄）を表示したい場合は、「**input要素**」の「**type属性**」に
「**range**」を設定します。

第25問 解答 **2**

解説 「ユーザエクスペリエンス」とは、製品などの使いやすさ、わかりやすさはもちろんの
こと、ユーザの行動を促してユーザが実現したいことを心地よく、また楽しく実現で
きることを目指した概念です。「**User Experience**」を略した「**UX**」と呼ばれること
もあります。

概要

R3 第1回

R3 第2回

R3 第3回

R2 第2回

R2 第3回

R2 第4回

令和2年度 第2回
実技試験

令和2年度 第2回試験 解答と解説

作業の前に

ダウンロードした素材データから、「R02-2」フォルダ内の「data3（R02-2）」フォルダをデスクトップにコピーしておきましょう。

作業で使用する素材は、「data3（R02-2）」フォルダ内にあります。このフォルダには、作業1から作業6で使用する素材が「q*x*」フォルダという名前でまとめられています。

各作業の前に、デスクトップの「wd3」フォルダ内に「q*x*」フォルダをコピーし、フォルダの名前を「a*x*」に変更します。

※問題文の「data3」フォルダは、「data3（R02-2）」フォルダに読み替えてください。
※「wd3」フォルダがない場合は、自分で作成します。
※「q*x*」「a*x*」の*x*は、作業1から作業6の各番号に読み替えてください。

作業①

この課題では、ウェブサイトのHTMLファイル、CSSファイル、および画像などのソースファイルを、指示されたサイトのディレクトリ構造を示す図に合わせて適切に配置し、構成する必要があります。

作業を開始する前に、ウェブブラウザで「index.html」ファイルの表示を確認しておきましょう。

●作業1の完成イメージ

83

▶ Point 1

「fs.jpg」ファイルを開いて、作成するディレクトリ構造を確認します。
「a1」フォルダ内が、「fs.jpg」ファイルで確認したディレクトリ構造と同じになるように、「css」フォルダおよび「img」フォルダを作成し、ファイルの移動を行います。

> ファイルを移動すると、「index.html」ファイル内で参照している画像ファイルやCSSファイルのパスが正しくなくなります。そのため、ファイルの移動を行った場合は、パスの修正が必要です。

▶ Point 2

パスを修正します。
「index.html」ファイルを開いて、次の構文に含まれているファイルのパスを修正します。

●6行目

```
<link rel="stylesheet" href="style.css">
```

```
<link rel="stylesheet" href="css/style.css">
```

●15行目

```
<img src="logo.png" alt="ウェブデザイン技能競技大会">
```

```
<img src="img/logo.png" alt="ウェブデザイン技能競技大会">
```

> HTMLファイルやCSSファイルを編集するには、検定試験の指定エディタである「TeraPad」や「サクラエディタ」、「Sublime Text」を使うとよいでしょう。
> 「メモ帳」や「ワードパッド」でも編集できますが、コーディングに便利な機能が無く、また文字化けする場合があります。指定エディタは文字色の変更や行数の表示などができるので、ウェブページの作成に適しています。

修正できたら、ファイルを上書き保存し、ウェブブラウザで「index.html」ファイルの表示を確認しておきましょう。

概要

R3 第1回

R3 第2回

R3 第3回

R2 第2回

R2 第3回

R2 第4回

Point 3

CSSファイルのパスを修正します。
「**style.css**」ファイルを開いて、次の構文に含まれているファイルのパスを修正します。

●10行目

```
background-image: url(bg.png);
```

```
background-image: url(../img/bg.png);
```

●34行目

```
background-image: url(bd.png);
```

```
background-image: url(../img/bd.png);
```

●76行目

```
background: url(main_image.jpg) no-repeat center center;
```

```
background: url(../img/main_image.jpg) no-repeat center center;
```

●128行目

```
background: url(ar.png) no-repeat left center;
```

```
background: url(../img/ar.png) no-repeat left center;
```

> 「css」フォルダ内にある「style.css」から「img」フォルダ内のファイルを参照する場合は、「相対パス」で指定します。相対パスは、階層をたどって記述するため、「../img/ファイル名」という形になります。「../」で1つ上の階層を表します。

修正できたら、ファイルを上書き保存し、ウェブブラウザで「**index.html**」ファイルの表示を確認しておきましょう。

 Point 4

「**a1**」フォルダから、不要な「**fs.jpg**」ファイルを削除します。

以上で、作業1で必要な作業はすべて終了です。
「**index.html**」ファイルをウェブブラウザで開き、表示結果が作業前に確認した「**index.html**」ファイルの表示と同じなら、修正が正しく反映されています。同じ表示になっていない場合は、修正した箇所にミスがないかどうかを確認してください。

85

作業 ❷

この課題では、ウェブサイトの複数のHTMLファイルについて、指示されたナビゲーションの各要素にリンクを設定し、また、ページ本文の修正を行う必要があります。

●作業2の完成イメージ

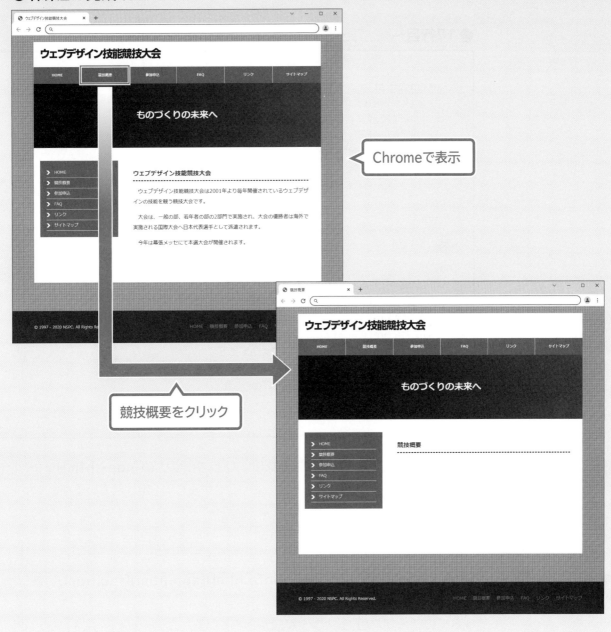

Chromeで表示

競技概要をクリック

概要

R3 第1回

R3 第2回

R3 第3回

R2 第2回

R2 第3回

R2 第4回

▶ Point 1

「index.html」ファイルのnav要素で指定されたグローバルナビゲーションにリンクを設定します。

「index.html」ファイルを開いて、次の構文に含まれているリンクの記述を修正します。

●17行目〜

```
<nav>
  <ul class="cf">
    <li><a href="#">HOME</a></li>
    <li><a href="#">競技概要</a></li>
    <li><a href="#">参加申込</a></li>
    <li><a href="#">FAQ</a></li>
    <li><a href="#">リンク</a></li>
    <li><a href="#">サイトマップ</a></li>
  </ul>
</nav>

        ▼

<nav>
  <ul class="cf">
    <li><a href="index.html">HOME</a></li>
    <li><a href="info.html">競技概要</a></li>
    <li><a href="app.html">参加申込</a></li>
    <li><a href="faq.html">FAQ</a></li>
    <li><a href="#">リンク</a></li>
    <li><a href="#">サイトマップ</a></li>
  </ul>
</nav>
```

修正できたら、ファイルを上書き保存し、ウェブブラウザで「index.html」ファイルを開いて、各グローバルナビゲーションのリンクが正しく設定されているかどうかをクリックして確認しておきましょう。

▶ Point 2

「index.html」ファイルと同様に、「info.html」「app.html」「faq.html」の各ファイルも修正します。

すべてのファイルで正しくリンクが設定されているかどうかを確認しておきましょう。

> 1ファイルごとに入力してもよいですが、入力ミスを防ぐには「index.html」ファイルの該当箇所をコピーし、ほかのHTMLファイルの該当箇所に貼り付けるとよいでしょう。

Point 3

「info.html」ファイル内の「**A**」の箇所を修正します。

「**info.html**」ファイルを開いて<title>タグを確認し、次の構文に含まれている見出しの記述を<title>タグの内容と同じテキストに修正します。

● 34行目

```
<h1>A</h1>
```
⬇
```
<h1>競技概要</h1>
```

修正できたら、ファイルを上書き保存し、ウェブブラウザで「**info.html**」ファイルの表示を確認しておきましょう。

 Point 4

「info.html」ファイルと同様に、「**app.html**」「**faq.html**」の各ファイルも修正します。

「**app.html**」ファイル

● 34行目

```
<h1>B</h1>
```
⬇
```
<h1>参加申込</h1>
```

「**faq.html**」ファイル

● 34行目

```
<h1>C</h1>
```
⬇
```
<h1>FAQ</h1>
```

修正できたら、ファイルを上書き保存し、ウェブブラウザで「**app.html**」「**faq.html**」の各ファイルの表示を確認しておきましょう。

以上で、作業2で必要な作業はすべて終了です。

すべてのHTMLファイルをウェブブラウザで開いて、次の点を確認しておきましょう。

- ● 指定されたグローバルナビゲーションにリンクが設定されている。
- ● 本文中の「**A**」「**B**」「**C**」だった箇所が、ページタイトルと同じになっている。

概要

R3 第1回

R3 第2回

R3 第3回

R2 第2回

R2 第3回

R2 第4回

作業 ③

この課題では、CSSファイルを編集して、指定されたコンテンツのレイアウトを修正する必要があります。

●作業3の完成イメージ

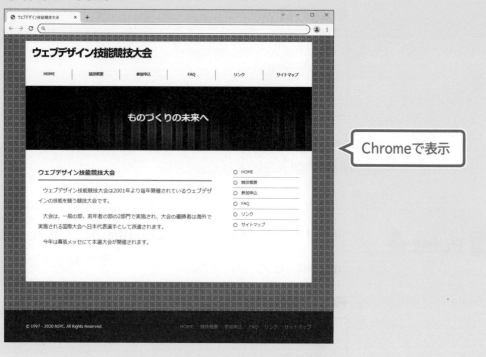

Chromeで表示

 Point 1

「style.css」ファイルを開いて、次の構文に含まれている余白の設定を修正します。

●35行目

```
margin: 20px 0 50px;

⬇

margin: 20px auto 50px;
```

※縦方向の余白については修正する必要はありません。

修正できたら、ファイルを上書き保存し、ウェブブラウザで「index.html」ファイルの表示を確認しておきましょう。

以上で、作業3で必要な作業はすべて終了です。
完成イメージと同じように、左に寄ったコンテンツが中央に配置されるようになっていれば、修正が正しく反映されています。同じ表示になっていない場合は、修正した箇所にミスがないかどうかを確認してください。

作業 ④ この課題では、CSSファイルを編集して、h1要素の背景や文字の色を変更する必要があります。

● 作業4の完成イメージ

Chromeで表示

概要

R3 第1回

R3 第2回

R3 第3回

R2 第2回

R2 第3回

R2 第4回

▶ Point 1

「style.css」ファイルを開いて、h1要素に関する記述に次の2行を追加します。

● 102行目～

```
h1 {
    border: double 3px #333333;
    font-size: 1.2em;
    margin-top: 0;
    padding: 10px 15px;
    background-color: #331100;
    color: #ffffff;
}
```

※修正内容は一例になります。これ以外の記述でも実現は可能です。

CSSファイルを修正する場合は、次のような点に注意しましょう。
● プロパティ入力時にスペルミスをしない。
● 「:（コロン）」や「;（セミコロン）」を正しい位置に入力する。

修正できたら、ファイルを上書き保存し、ウェブブラウザで「index.html」ファイルの表示を確認しておきましょう。

以上で、作業4で必要な作業はすべて終了です。
正しく修正が行われていれば、完成イメージと同じように見出し部分の背景と文字に指定した色が付きます。同じ表示になっていない場合は、修正した箇所にミスがないかどうかを確認してください。

作業 ⑤

この課題では、完成イメージファイルを参考にCSSファイルを編集して、適切な背景画像を適用する必要があります。

●作業5の完成イメージ

Chromeで表示

▶ Point 1

「img.png」ファイルを開いて、適用すべき背景画像のイメージを確認します。

> 全体の背景：青に黒の斜め格子模様
> 内側の背景：菱形に十字が入った模様

▶ Point 2

「img」フォルダを開いて、適切な画像素材を探します。

> 全体の背景：青に黒の斜め格子模様　→　b3.png
> 内側の背景：菱形に十字が入った模様　→　c3.gif

▶ Point 3

「**style.css**」ファイルを開いて、body要素とid="wrap"に関する記述に、次の行を追加します。

●8行目〜

```
body {
    color: #333333;
    font-family: "メイリオ", 'MS PGothic', Osaka, sans-serif;
    font-size: 16px;
    margin: 0 0 150px 0;
    min-height: 100%;
    padding: 0;
    background-image: url(img/b3.png);
}
```

●30行目〜

```
#wrap {
    background-color: #ffffff;
    border: solid 1px #000;
    line-height: 200%;
    margin: 20px auto 50px;
    min-height: 100%;
    padding-bottom: 40px;
    width: 918px;
    background-image: url(img/c3.gif);
}
```

修正できたら、ファイルを上書き保存し、ウェブブラウザで「**index.html**」ファイルの表示を確認しておきましょう。

▶ Point 4

「**a5**」フォルダから不要なファイルを削除します。
削除するファイルは、次のとおりです。

img.png、「img」フォルダ内のb1.png、b2.png、c1.gif、c2.gif

※「**img**」フォルダ内の不要なファイルも忘れずに削除しましょう。

以上で、作業5で必要な作業はすべて終了です。
正しく修正が行われていれば、全体の背景と内側の背景がimg.pngと同じイメージで表示されます。同じ表示になっていない場合は、修正した箇所にミスがないかどうかを確認してください。

概要

R3 第1回

R3 第2回

R3 第3回

R2 第2回

R2 第3回

R2 第4回

作業 ❻

この課題では、HTMLファイルの内容を別のテキストファイルに置き換え、さらにその
テキストを正しく構造化して、更新する必要があります。

●作業6の完成イメージ

Chromeで表示

▶ **Point 1**　「sample.txt」ファイルを開いて、指定された要素をどのように使うかを確認します。

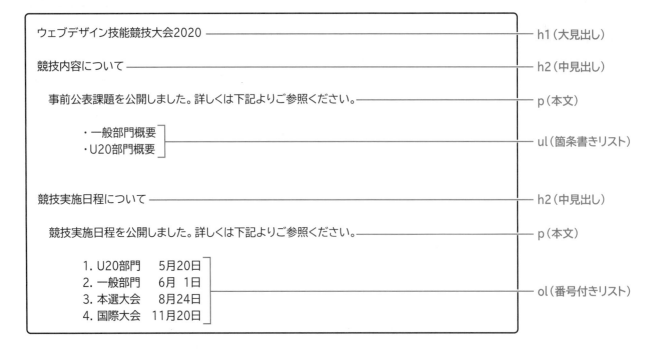

ウェブデザイン技能競技大会2020	h1（大見出し）
競技内容について	h2（中見出し）
事前公表課題を公開しました。詳しくは下記よりご参照ください。	p（本文）
・一般部門概要 ・U20部門概要	ul（箇条書きリスト）
競技実施日程について	h2（中見出し）
競技実施日程を公開しました。詳しくは下記よりご参照ください。	p（本文）
1. U20部門　　5月20日 2. 一般部門　　6月 1日 3. 本選大会　　8月24日 4. 国際大会　11月20日	ol（番号付きリスト）

Point **2** 「index.html」ファイルを開いて、main要素内のh1要素とp要素の内容をすべて削除します。

▶ Point **3** 「sample.txt」ファイルの情報を、「index.html」ファイルのmain要素内に構造化しながら書き込んでいきます。

●33行目～

```
<main>
    <h1>ウェブデザイン技能競技大会2020</h1>
    <h2>競技内容について</h2>
    <p>事前公表課題を公開しました。詳しくは下記よりご参照ください。</p>
    <ul>
        <li>一般部門概要</li>
        <li>U20部門概要</li>
    </ul>
    <h2>競技実施日程について</h2>
    <p>競技実施日程を公開しました。詳しくは下記よりご参照ください。</p>
    <ol>
        <li>U20部門　　5月20日</li>
        <li>一般部門　　6月　1日</li>
        <li>本選大会　　8月24日</li>
        <li>国際大会　11月20日</li>
    </ol>
</main>
```

> 構造化を行う際には、インデントは付けなくてもかまいません。

> 箇条書きリスト（ul要素）や番号付きリスト（ol要素）の各リスト項目は、li要素で指定します。

修正できたら、ファイルを上書き保存し、ウェブブラウザで「index.html」ファイルの表示を確認しておきましょう。

▶ Point **4** 「a6」フォルダから、不要な「sample.txt」ファイルを削除します。

以上で、作業6で必要な作業はすべて終了です。
正しく修正されていれば、大見出し、中見出し、本文、箇条書きリスト、番号付きリストなどが確認できます。完成イメージと同じ表示になっていない場合は、修正した箇所にミスがないかどうかを確認してください。

最後に

作成したデータに、不要なファイルがないかどうかを再度確認してください。

また、検定公式ウェブブラウザであるGoogle Chrome、Mozilla Firefox、Microsoft Edgeのどれを使用しても、表示やレイアウトの崩れなどがないかどうかを確認してください。

3級実技試験は6課題のうち、5つを選択し提出することとなっています。全課題について解答データを作成した際には、作成したデータの「a1」から「a6」より、5つのフォルダを「wd3」フォルダに残し、不要なフォルダは削除して作業は完了となります。

※ほかの回の実技問題を解く際には、素材や解答データが混ざらないよう、作業が終了した「wd3」フォルダは、適宜フォルダを作成するなどしてデスクトップから移動させてください。

令和2年度　第2回試験　解答と解説

95

令和2年度
第3回試験
解答と解説

学科試験

第1問　解答 1

解説　「JPEG形式」は、非可逆圧縮で保存するファイルフォーマットです。

8×8のブロックに分割し、それぞれに対して圧縮処理を行います。圧縮による劣化はブロック単位で変わるため、ブロックの境界で劣化が目立つことになります。これを「ブロックノイズ」といいます。

また、圧縮率を高めると、文字やその周りに汚れのようなノイズが発生します。これを「モスキートノイズ」や「リンギング」といいます。

第2問　解答 2

解説　「p要素」は段落（paragraph）を意味する要素で、「h1要素」は見出し（heading）を意味する要素です。p要素の中に配置できるのは「フレージング・コンテンツ」だけです。h1要素はフレージング・コンテンツではないので、配置することはできません。

第3問　解答 1

解説　厚生労働省が令和元年7月に策定した「**情報機器作業における労働衛生管理のためのガイドラインについて**」に、次のように明記されています。

> 4　作業環境管理
> （1）　照明及び照度
> 　□　ディスプレイを用いる場合のディスプレイ画面上における照度は500ルクス以下、書類上及びキーボード上における照度は300ルクス以上を目安とし、作業しやすい照度とすること。
> 　　また、ディスプレイ画面の明るさ、書類及びキーボード面における明るさと周辺の明るさの差はなるべく小さくすること。

※上記の内容は、令和3年12月の改定で変更されています。

第4問　解答 2

解説　通信速度の単位は「bps（bit per secound）」です。1秒間に転送できるデータが何ビットかを表します。この数字が大きければ大きいほど通信速度は速くなります。

ADSLでは、下りの最大通信速度が50Mbps、上りの最大通信速度が5Mbpsですが、光回線では、上り下りとも一般的な最大通信速度は1Gbpsです。

また、有線、無線などの接続方法によっても通信速度は変わります。

第5問 | 解答 **1**

解説 厚生労働省が策定した「情報機器作業における労働衛生管理のためのガイドライン」に、次のように明記されています。

> 10 配慮事項等
> (3) テレワークを行う労働者に対する配慮事項
> 　（略）事業者が業務のために提供している作業場以外でテレワークを行う場合については、事務所衛生基準規則、労働安全衛生規則及び情報機器ガイドラインの衛生基準と同等の作業環境となるよう、テレワークを行う労働者に助言等を行うことが望ましい。

第6問 | 解答 **1**

解説 「非可逆圧縮」とは、「不可逆圧縮」とも呼ばれ、符号化方式の中で圧縮後のデータから圧縮前のデータを復元できない方式です。
それに対して、「可逆圧縮」とは、符号化方式の中で圧縮後のデータから圧縮前のデータを完全に復元できる方式です。

第7問 | 解答 **2**

解説 インターネットなどで著作物を自動的に公衆に送信し得る状態に置く「送信可能化権」は、著作権の対象となります。他人の著作物を無断でアップロードする行為は、アクセス数とは関係なく違法となります。

第8問 | 解答 **2**

解説 装飾のための意味を持たない画像は、「img要素」の「alt属性」の値を空にします。この場合、文法エラーにはなりません。

第9問 | 解答 **1**

解説 ラジオボタンは、複数の選択肢から単一のものを選択させるためのものです。
name属性が同じものが1つのグループとして扱われ、そのグループの中での単一選択になります。

第10問 | 解答 **2**

解説 img要素の必須属性はsrc属性だけです。

第11問　**解答** **1**

解説　「光の三原色」は、光の中での最も基本の色である赤（Red）・緑（Green）・青（Blue）のことで、この3色を「RGB」といいます。
絵画や印刷で使われる「色の三原色」と混同しないようにしてください。

第12問　**解答** **1**

解説　前景色は、文字色のことを指します。使用するプロパティは「colorプロパティ」です。

第13問　**解答** **3**

解説　「ul要素」、「ol要素」、「li要素」は箇条書きを作成するための要素です。
各要素の省略前の用語は、次のとおりです。

> ul：unordered list（順序のない箇条書き）
> ol：ordered list（順序のある箇条書き）
> li ：list item（リスト項目）

第14問　**解答** **2**

解説　h1要素～h6要素は、見出しコンテンツを設定するための要素です。この要素を使用すると多くのウェブブラウザでは文字サイズが異なって表示されるため、見出しの大きさと捉えがちですが、章・節・項を設定するための要素です。h1要素～h6要素の数字は、見出しの階層を表します。

第15問　**解答** **4**

解説　選択肢1と3のfooter要素に設定されている「text-indentプロパティ」には、行頭のインデントのサイズとなる数値を設定します。centerを設定しても中央揃えにはなりません。
選択肢2の「#content」には、文字色を設定するプロパティがありません。文字色のデフォルトは「#000」（黒）ですが、図内の文字色は異なるため、「colorプロパティ」が設定されている選択肢4が正解です。

第16問　**解答** 2

解説　「パスワードリスト攻撃」とは、ユーザが実際に利用しているIDとパスワードを攻撃者が何らかの方法で入手し、そのIDとパスワードを使用して、ユーザが利用しているほかのサイトやSNSへログインを試みることです。例えば、ある人のTwitterのIDとパスワードが漏えいしてしまうと、攻撃者はその情報を利用して、FacebookやAmazonなど、ほかのサイトへログインを試行します。もし、その狙われた人が、同じIDやパスワードを使い回していると、簡単にアカウントを乗っ取られ、不正送金やポイントの不正利用などの被害を受けることになります。

第17問　**解答** 1

解説　「ユニバーサルデザイン」とは、年齢や能力、状況などにかかわらず、誰にとっても使いやすいデザインや、そのための考え方のことです。ユニバーサルデザインでは、対象の利用者を絞るのではなく、できるだけ多くの人の利用を想定してデザインを行います。

第18問　**解答** 4

解説　「span要素」は文章中の単語や短い文章を扱う場合、「div要素」は長文など複数行にまたがった文章を扱う場合に使用します。
この関係性と同じになるように、q要素と関係を持つ要素を選択します。「q要素」は文章中の単語や短い文章の引用のために使用する要素なので、長文の引用のために使用する「blockquote要素」が正解です。

第19問　**解答** 2

解説　昨今のウェブサイトでは、閲覧すると"Cookie（クッキー）の受け入れを許可しますか？"というメッセージが表示されることが多くなりました。
「クッキー」は、ウェブサーバから送られる、ユーザのログイン情報や閲覧情報などのユーザ識別やセッション管理のための情報のことです。クッキーは一定期間ユーザのウェブブラウザに保存されて、次回以降のアクセス時に保存されたデータが利用されます。

概要

R3 第1回

R3 第2回

R3 第3回

R2 第2回

R2 第3回

R2 第4回

第20問 解答 **2**

解説 「SFTP（SSH File Transfer Protocol）」とは、SSHで暗号化した安全性の高い通信でファイルを送受信するためのプロトコル（仕組み）です。

「TLS（Transport Layer Security）」とは、インターネットなどのTCP/IPネットワークで安全性の高い通信を行うプロトコルです。公開鍵認証や共通鍵暗号、ハッシュ化などの機能を提供します。

「SMTP（Simple Mail Transfer Protocol）」とは、インターネットなどのTCP/IPネットワークで標準的に使われる、電子メール（eメール）を送信するための通信手順（プロトコル）の1つです。

「HTTP（Hypertext Transfer Protocol）」は、HTML、CSS、画像などのウェブページを構成するデータのやりとりについて、ウェブサーバとウェブブラウザ間の通信を定めたプロトコルです。

第21問 解答 **2**

解説 「box-sizingプロパティ」は、最新のCSS規格「CSS3」から追加されたプロパティです。このプロパティにより、要素の幅（width）と高さ（height）の中にpaddingとborderを含めるかどうかを設定できるようになりました。

適用対象範囲の設定方法は、次のとおりです。

```
box-sizing: content-box;  → paddingとborderを幅と高さに含めない
box-sizing: border-box;   → paddingとborderを幅と高さに含める
box-sizing: inherit;       → 親要素のborder-boxの値を引き継ぐ
```

第22問 解答 **3**

解説 「知的財産権」とは、特許権、実用新案権、育成者権、意匠権、著作権、商標権その他の知的財産に関して、法令により定められた権利または法律上保護される利益にかかわる権利です。

そのうち、「商標権」は、商品やサービスについた目印である商標を保護することを目的とする権利です。

商標は特許庁に出願し、登録を認められて、手続きを完了することで商標権を主張できるので、選択肢1は不適切です。

商標権の存続期間は、登録日から10年間です。ただし、登録日から10年を経過する前に、特許庁に更新登録料を支払えば、さらに10年間商標権を維持できるので、選択肢2も不適切です。

商標権は、法人だけでなく個人でも出願および登録が可能です。よって、選択肢4も不適切です。

第23問 | 解答 | **1**

解説 | 「caption要素」は、表のキャプションを設定する際に使用します。caption要素を子要素として使用できるのは、table要素が親要素の場合だけです。

第24問 | 解答 | **1**

解説 | 「font-styleプロパティ」は、フォントのスタイルを設定する際に使用します。文字を筆記体や斜体に変更したいとき、または、通常（初期値）に戻したいときに使用します。設定できる値は、次のとおりです。

値	書体
normal	通常（初期値）
italic	筆記体
oblique	斜体

第25問 | 解答 | **3**

解説 | 「HTML」は、「HyperText Markup Language（ハイパテキスト マークアップ ランゲージ）」の略で、ハイパテキストを記述するためのマークアップ言語です。

概要

R3 第1回

R3 第2回

R3 第3回

R2 第2回

R2 第3回

R2 第4回

作業の前に

ダウンロードした素材データから、「R02-3」フォルダ内の「data3（R02-3）」フォルダをデスクトップにコピーしておきましょう。

作業で使用する素材は、「data3（R02-3）」フォルダ内にあります。このフォルダには、作業1から作業6で使用する素材が「qx」フォルダという名前でまとめられています。

各作業の前に、デスクトップの「wd3」フォルダ内に「qx」フォルダをコピーし、フォルダの名前を「ax」に変更します。

※問題文の「data3」フォルダは、「data3（R02-3）」フォルダに読み替えてください。
※「wd3」フォルダがない場合は、自分で作成します。
※「qx」「ax」の x は、作業1から作業6の各番号に読み替えてください。

作業①

この課題では、ウェブサイトのHTMLファイル、CSSファイル、および画像などのソースファイルを、指示されたサイトのディレクトリ構造を示す図に合わせて適切に配置し、構成する必要があります。

作業を開始する前に、ウェブブラウザで「index.html」ファイルの表示を確認しておきましょう。

●作業1の完成イメージ

Chromeで表示

▶ Point 1

「fs.jpg」ファイルを開いて、作成するディレクトリ構造を確認します。
「a1」フォルダ内が、「fs.jpg」ファイルで確認したディレクトリ構造と同じになるように、「css」フォルダおよび「img」フォルダを作成し、ファイルの移動を行います。

> ファイルを移動すると、「index.html」ファイル内で参照している画像ファイルやCSSファイルのパスが正しくなくなります。そのため、ファイルの移動を行った場合は、パスの修正が必要です。

▶ Point 2

パスを修正します。
「index.html」ファイルを開いて、次の構文に含まれているファイルのパスを修正します。

●6行目

```
<link rel="stylesheet" href="style.css">
```

```
<link rel="stylesheet" href="css/style.css">
```

●12行目

```
<img src="logo.png" alt="国家検定 ウェブデザイン技能検定" width="217" height="40">
```

```
<img src="img/logo.png" alt="国家検定 ウェブデザイン技能検定" width="217" height="40">
```

●29行目

```
<img src="main_image.jpg" alt="" height="250">
```

```
<img src="img/main_image.jpg" alt="" height="250">
```

> HTMLファイルやCSSファイルを編集するには、検定試験の指定エディタである「TeraPad」や「サクラエディタ」、「Sublime Text」を使うとよいでしょう。
> 「メモ帳」や「ワードパッド」でも編集できますが、コーディングに便利な機能が無く、また文字化けする場合があります。指定エディタは文字色の変更や行数の表示などができるので、ウェブページの作成に適しています。

修正できたら、ファイルを上書き保存し、ウェブブラウザで「index.html」ファイルの表示を確認しておきましょう。

概要

R3 第1回

R3 第2回

R3 第3回

R2 第2回

R2 第3回

R2 第4回

▶ Point 3

CSSファイルのパスを修正します。
「**style.css**」ファイルを開いて、次の構文に含まれているファイルのパスを修正します。

●10行目

> background-image: url(bg.png);
>
>
>
> background-image: url(../img/bg.png);

●129行目

> background-image: url(bd.png);
>
>
>
> background-image: url(../img/bd.png);

●134行目

> background: url(ar.png) no-repeat left center;
>
>
>
> background: url(../img/ar.png) no-repeat left center;

> 「css」フォルダ内にある「style.css」から「img」フォルダ内のファイルを参照する場合は、「相対パス」で指定します。相対パスは、階層をたどって記述するため、「../img/ファイル名」という形になります。「../」で1つ上の階層を表します。

修正できたら、ファイルを上書き保存し、ウェブブラウザで「**index.html**」ファイルの表示を確認しておきましょう。

▶ Point 4

「**a1**」フォルダから、不要な「**fs.jpg**」ファイルを削除します。

以上で、作業1で必要な作業はすべて終了です。
「**index.html**」ファイルをウェブブラウザで開き、表示結果が作業前に確認した「**index.html**」ファイルの表示と同じなら、修正が正しく反映されています。同じ表示になっていない場合は、修正した箇所にミスがないかどうかを確認してください。

作業 ❷

この課題では、ウェブサイトの複数のHTMLファイルについて、指示されたナビゲーションの各要素にリンクを設定し、また、ページ本文の修正を行う必要があります。

●作業2の完成イメージ

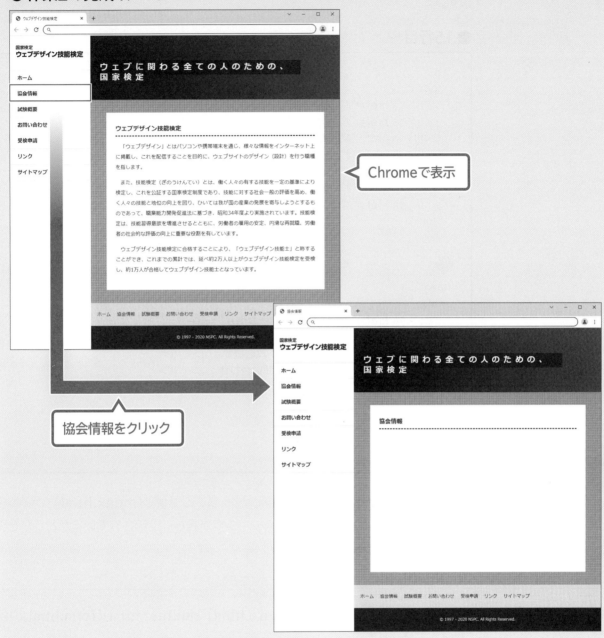

Chromeで表示

協会情報をクリック

概要

R3 第1回

R3 第2回

R3 第3回

R2 第2回

R2 第3回

R2 第4回

▶ Point 1

「index.html」ファイルのnav要素で指定されたグローバルナビゲーションにリンクを設定します。

「index.html」ファイルを開いて、次の構文に含まれているリンクの記述を修正します。

●15行目〜

```
<nav>
  <ul>
    <li><a href="#">ホーム</a></li>
    <li><a href="#">協会情報</a></li>
    <li><a href="#">試験概要</a></li>
    <li><a href="#">お問い合わせ</a></li>
    <li><a href="#">受検申請</a></li>
    <li><a href="#">リンク</a></li>
    <li><a href="#">サイトマップ</a></li>
  </ul>
</nav>
```

⬇

```
<nav>
  <ul>
    <li><a href="index.html">ホーム</a></li>
    <li><a href="info.html">協会情報</a></li>
    <li><a href="skilltest.html">試験概要</a></li>
    <li><a href="form.html">お問い合わせ</a></li>
    <li><a href="#">受検申請</a></li>
    <li><a href="#">リンク</a></li>
    <li><a href="#">サイトマップ</a></li>
  </ul>
</nav>
```

修正できたら、ファイルを上書き保存し、ウェブブラウザで「index.html」ファイルを開いて、各グローバルナビゲーションのリンクが正しく設定されているかどうかをクリックして確認しておきましょう。

▶ Point 2

「index.html」ファイルと同様に、「info.html」「skilltest.html」「form.html」の各ファイルも修正します。

すべてのファイルで正しくリンクが設定されているかどうかを確認しておきましょう。

> 1ファイルごとに入力してもよいですが、入力ミスを防ぐには「index.html」ファイルの該当箇所をコピーし、ほかのHTMLファイルの該当箇所に貼り付けるとよいでしょう。

Point 3

「info.html」ファイル内の「**A**」の箇所を修正します。

「info.html」ファイルを開いて<title>タグを確認し、次の構文に含まれている見出しの記述を<title>タグの内容と同じテキストに修正します。

●36行目

```
<h1>A</h1>
```
⬇
```
<h1>協会情報</h1>
```

修正できたら、ファイルを上書き保存し、ウェブブラウザで「info.html」ファイルの表示を確認しておきましょう。

 Point 4

「info.html」ファイルと同様に、「**skilltest.html**」「**form.html**」の各ファイルも修正します。

「**skilltest.html**」ファイル

●36行目

```
<h1>B</h1>
```
⬇
```
<h1>試験概要</h1>
```

「**form.html**」ファイル

●36行目

```
<h1>C</h1>
```
⬇
```
<h1>お問い合わせ</h1>
```

修正できたら、ファイルを上書き保存し、ウェブブラウザで「**skilltest.html**」「**form.html**」の各ファイルの表示を確認しておきましょう。

以上で、作業2で必要な作業はすべて終了です。

すべてのHTMLファイルをウェブブラウザで開いて、次の点を確認しておきましょう。

- ●指定されたグローバルナビゲーションにリンクが設定されている。
- ●本文中の「**A**」「**B**」「**C**」だった箇所が、ページタイトルと同じになっている。

概要

R3 第1回

R3 第2回

R3 第3回

R2 第2回

R2 第3回

R2 第4回

作業 ③

この課題では、CSSファイルを編集して、指定されたコンテンツのレイアウトを修正する必要があります。

●作業3の完成イメージ

Chromeで表示

▶ Point 1

「style.css」ファイルを開いて、次の構文に含まれている余白の設定を修正します。

●99行目

```
margin: 0;
```

```
margin: 0 auto;
```

※縦方向の余白については修正する必要はありません。

修正できたら、ファイルを上書き保存し、ウェブブラウザで「index.html」ファイルの表示を確認しておきましょう。

以上で、作業3で必要な作業はすべて終了です。
完成イメージと同じように、左に寄ったコンテンツが中央に配置されるようになっていれば、修正が正しく反映されています。同じ表示になっていない場合は、修正した箇所にミスがないかどうかを確認してください。

作業 4

この課題では、CSSファイルを編集して、h1要素の背景や文字の色を変更する必要があります。

●作業4の完成イメージ

Chromeで表示

▶ Point 1

「style.css」ファイルを開いて、h1要素に関する記述に次の2行を追加・修正します。

●107行目〜

```
h1 {
   border: double 3px #333333;
   color: #000000;
   margin: 0 auto 40px;
   padding: 10px;
   text-align: center;
}

h1 {
   border: double 3px #333333;
   color: #ffffff;
   margin: 0 auto 40px;
   padding: 10px;
   text-align: center;
   background-color: #203070;
}
```

※修正内容は一例になります。これ以外の記述でも実現は可能です。

概要
R3 第1回
R3 第2回
R3 第3回
R2 第2回
R2 第3回
R2 第4回

110

> CSSファイルを修正する場合は、次のような点に注意しましょう。
> ● プロパティ入力時にスペルミスをしない。
> ●「：（コロン）」や「；（セミコロン）」を正しい位置に入力する。

修正できたら、ファイルを上書き保存し、ウェブブラウザで「index.html」ファイルの表示を確認しておきましょう。

以上で、作業4で必要な作業はすべて終了です。
正しく修正が行われていれば、完成イメージと同じように見出し部分の背景と文字に指定した色が付きます。同じ表示になっていない場合は、修正した箇所にミスがないかどうかを確認してください。

作業 ❺

この課題では、完成イメージファイルを参考にCSSファイルを編集して、適切な背景画像を適用する必要があります。

● 作業5の完成イメージ

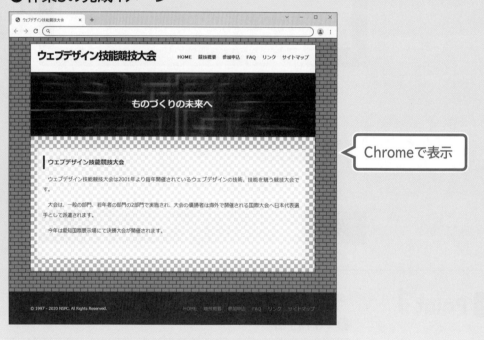

Chromeで表示

▶ Point 1

「img.png」ファイルを開いて、適用すべき背景画像のイメージを確認します。

> 全体の背景：赤のレンガ模様
> 内側の背景：白と灰色の市松模様

▶ Point 2

「img」フォルダを開いて、適切な画像素材を探します。

> 全体の背景：赤のレンガ模様　　　→　b1.png
> 内側の背景：白と灰色の市松模様　→　c2.gif

▶ Point 3

「**style.css**」ファイルを開いて、body要素とid="wrap"に関する記述に、次の行を追加します。

● 8行目〜

```
body {
    color: #333333;
    font-family: "メイリオ", 'MS PGothic', Osaka, sans-serif;
    font-size: 16px;
    margin: 0 0 150px 0;
    min-height: 100%;
    padding: 0;
    background-image: url(img/b1.png);
}
```

● 30行目〜

```
#wrap {
    background-color: #ffffff;
    border: solid 1px #000;
    line-height: 200%;
    margin: 20px auto 50px;
    min-height: 100%;
    padding-bottom: 40px;
    width: 918px;
    background-image: url(img/c2.gif);
}
```

修正できたら、ファイルを上書き保存し、ウェブブラウザで「**index.html**」ファイルの表示を確認しておきましょう。

▶ Point 4

「**a5**」フォルダから不要なファイルを削除します。
削除するファイルは、次のとおりです。

img.png、「img」フォルダ内のb2.png、b3.png、c1.gif、c3.gif

※「**img**」フォルダ内の不要なファイルも忘れずに削除しましょう。

以上で、作業5で必要な作業はすべて終了です。
正しく修正が行われていれば、全体の背景と内側の背景がimg.pngと同じイメージで表示されます。同じ表示になっていない場合は、修正した箇所にミスがないかどうかを確認してください。

概要

R3 第1回

R3 第2回

R3 第3回

R2 第2回

R2 第3回

R2 第4回

作業 ⑥

この課題では、HTMLファイルの内容を別のテキストファイルに置き換え、さらにそのテキストを正しく構造化して、更新する必要があります。

●作業6の完成イメージ

Chromeで表示

「sample.txt」ファイルを開いて、指定された要素をどのように使うかを確認します。

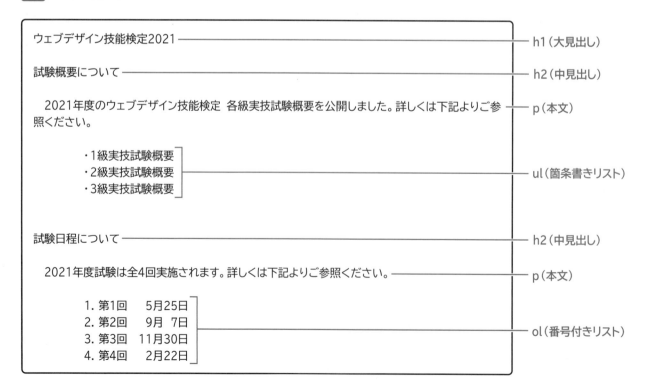

ウェブデザイン技能検定2021 ──── h1（大見出し）

試験概要について ──── h2（中見出し）

　2021年度のウェブデザイン技能検定 各級実技試験概要を公開しました。詳しくは下記よりご参照ください。 ──── p（本文）

　　　・1級実技試験概要
　　　・2級実技試験概要
　　　・3級実技試験概要 ──── ul（箇条書きリスト）

試験日程について ──── h2（中見出し）

　2021年度試験は全4回実施されます。詳しくは下記よりご参照ください。 ──── p（本文）

　　　1. 第1回　　5月25日
　　　2. 第2回　　9月 7日
　　　3. 第3回　　11月30日
　　　4. 第4回　　2月22日 ──── ol（番号付きリスト）

113

概要

R3 第1回

R3 第2回

R3 第3回

R2 第2回

R2 第3回

R2 第4回

▶ **Point 2**

「index.html」ファイルを開いて、main要素内のh1要素とp要素の内容をすべて削除します。

▶ **Point 3**

「sample.txt」ファイルの情報を、「index.html」ファイルのmain要素内に構造化しながら書き込んでいきます。

●32行目〜

```
<main>
    <h1>ウェブデザイン技能検定2021</h1>
    <h2>試験概要について</h2>
    <p>2021年度のウェブデザイン技能検定 各級実技試験概要を公開しました。詳しくは下記
よりご参照ください。</p>
    <ul>
        <li>1級実技試験概要</li>
        <li>2級実技試験概要</li>
        <li>3級実技試験概要</li>
    </ul>
    <h2>試験日程について</h2>
    <p>2021年度試験は全4回実施されます。詳しくは下記よりご参照ください。</p>
    <ol>
        <li>第1回　　5月25日</li>
        <li>第2回　　9月 7日</li>
        <li>第3回　11月30日</li>
        <li>第4回　　2月22日</li>
    </ol>
</main>
```

構造化を行う際には、インデントは付けなくてもかまいません。

箇条書きリスト（ul要素）や番号付きリスト（ol要素）の各リスト項目は、li要素で指定します。

修正できたら、ファイルを上書き保存し、ウェブブラウザで「index.html」ファイルの表示を確認しておきましょう。

▶ **Point 4**

「a6」フォルダから、不要な「sample.txt」ファイルを削除します。

以上で、作業6で必要な作業はすべて終了です。
正しく修正されていれば、大見出し、中見出し、本文、箇条書きリスト、番号付きリストなどが確認できます。完成イメージと同じ表示になっていない場合は、修正した箇所にミスがないかどうかを確認してください。

最後に

作成したデータに、不要なファイルがないかどうかを再度確認してください。

また、検定公式ウェブブラウザであるGoogle Chrome、Mozilla Firefox、Microsoft Edgeのどれを使用しても、表示やレイアウトの崩れなどがないかどうかを確認してください。

3級実技試験は6課題のうち、5つを選択し提出することとなっています。全課題について解答データを作成した際には、作成したデータの「a1」から「a6」より、5つのフォルダを「wd3」フォルダに残し、不要なフォルダは削除して作業は完了となります。

※ほかの回の実技問題を解く際には、素材や解答データが混ざらないよう、作業が終了した「wd3」フォルダは、適宜フォルダを作成するなどしてデスクトップから移動させてください。

令和2年度
第4回試験
解答と解説

学科試験

第1問　**解答** 1

解説 編集ソフトでアニメーションGIFを作成する際に、ループの設定を付与して書き出すことで実現できます。

第2問　**解答** 1

解説 HTML 5.2の「div要素」のNOTEに、次のように明記されています。

> 4.4.15　The div element
> NOTE:
>   Authors are strongly encouraged to view the <div> element as an element of last resort, for when no other element is suitable. Use of more appropriate elements instead of the <div> element leads to better accessibility for readers and easier maintainability for authors.

要約すると、div要素は、ほかに適切な要素がない場合、最後の手段として使用するとしています。そのため、より適切な要素があればそちらを優先します。

第3問　**解答** 1

解説 「サイバーセキュリティ基本法」とは、2014年（平成26年）に成立し、2015年（平成27年）1月から施行されています。
第一条には、次のように明記されています。

> 　この法律は、インターネットその他の高度情報通信ネットワークの整備及び情報通信技術の活用の進展に伴って世界的規模で生じているサイバーセキュリティに対する脅威の深刻化その他の内外の諸情勢の変化に伴い、情報の自由な流通を確保しつつ、サイバーセキュリティの確保を図ることが喫緊の課題となっている状況に鑑み、我が国のサイバーセキュリティに関する施策に関し、基本理念を定め、国及び地方公共団体の責務等を明らかにし、並びにサイバーセキュリティ戦略の策定その他サイバーセキュリティに関する施策の基本となる事項を定めるとともに、サイバーセキュリティ戦略本部を設置すること等により、高度情報通信ネットワーク社会形成基本法（平成十二年法律第百四十四号）と相まって、サイバーセキュリティに関する施策を総合的かつ効果的に推進し、もって経済社会の活力の向上及び持続的発展並びに国民が安全で安心して暮らせる社会の実現を図るとともに、国際社会の平和及び安全の確保並びに我が国の安全保障に寄与することを目的とする。

第4問

解答 2

解説 「WCAG 2.0」では、コンテンツをユーザにとって見やすいものにするため、文字と背景の間に、一定以上のコントラスト比があることが好ましいとされています。

> コントラスト比7.0：1以上 ：コントラスト(高度)(レベルAAA)
> コントラスト比4.5：1以上 ：コントラスト(最低限)(レベルAA)

また、次の計算式で色の明るさを計算できます。

明るさ(明度)＝((赤の値×299)＋(緑の値×587)＋(青の値×114)) / 1000

背景色の白(＃ffffff)と文字色の黒(＃000000)を10進数に変換して計算するとそれぞれ255、0になります。2色の明度差は基準値である125を超えており、アクセシビリティ上問題ありません。

第5問

解答 2

解説 「著作権」とは、は著作物を保護するための権利です。
「著作物」とは、思想または感情を創作的に表現したものであって、文芸、学術、美術または音楽の範囲に属するものをいいます。
著作権は創作と同時に発生する権利であるため、保護を受けるために特許庁や文化庁などの行政機関で手続きをする必要はありません。

第6問

解答 2

解説 「ユニバーサルデザイン」とは、ユニバーサルという単語が普遍的な、全体の、という意味であるように、すべての人のためのデザインを指します。年齢や障がいの有無、体格、性別、国籍などにかかわらず、最初から多くの人にわかりやすく、利用可能であるようにデザインするという考え方です。よって、多言語対応のみが該当するわけではありません。

第7問

解答 2

解説 厚生労働省策定の「情報機器作業における労働衛生管理のためのガイドライン」では、従来のVDT機器のみでなく、携帯用情報機器も対象としています。
清掃については、次のように明記されています。

> 6 情報機器等及び作業環境の維持管理
> (3) 清掃
> 　日常及び定期に作業場所、情報機器等の清掃を行わせ、常に適正な状態に保持すること。

第8問　解答 2

解説 「OSI参照モデル」とは、コンピュータの通信機能を7階層の構造に分割し、各階層の役割を定義したモデルです。

階層	名称
第7層（レイヤ7）	アプリケーション層
第6層（レイヤ6）	プレゼンテーション層
第5層（レイヤ5）	セッション層
第4層（レイヤ4）	トランスポート層
第3層（レイヤ3）	ネットワーク層
第2層（レイヤ2）	データリンク層
第1層（レイヤ1）	物理層

第9問　解答 2

解説 「ワイヤーフレーム（wireframe）」とは、ウェブページのレイアウトやコンテンツの配置を定めた設計図のことです。ウェブページ内で、どのコンテンツをどこに、どのように配置するといった情報設計を行うために作成するものであり、これによってコンテンツが一覧できるようになるわけではありません。

第10問　解答 2

解説 サイト制作者がCSSで色やフォントなどを指定しても、表示するデバイスの解像度や使用するウェブブラウザの違い、デバイスに搭載されているフォントの種類、ユーザ設定などの環境によって表示が異なります。どのような場合も制作者が意図した表示になるわけではありません。

第11問　解答 4

解説 「nav要素」は、ウェブサイト内のほかのページや、ページ内のパーツにリンクするページへの主なナビゲーションのセクションを表します。主なナビゲーションとは、ウェブサイト内で共通で使われているグローバルナビゲーション、ブログのサイドメニューにあるカテゴリーの一覧といったリンクブロック、パンくずリスト、または文書内で各セクションに移動するための目次のリンクブロックなどが該当します。外部リンクのブロックは該当しません。
なお、フッターの場合は、様々なリンクがあっても通常不要とされています。

第12問　**解答** **3**

解説　「子セレクタ」を使用する場合、記号は「>」です。
選択肢1は子孫セレクタ、選択肢2は複数のセレクタ、選択肢4はセレクタ内のすべての指定となります。

第13問　**解答** **1**

解説　「DoS攻撃」とは「Denial of Service attack」の略で、1台のコンピュータを使って、ターゲットのサーバに大量のデータを送ることで負荷をかけるサイバー攻撃です。
「DDoS攻撃」とは「Distributed Denial of Service attack」の略で、複数のコンピュータを踏み台にしてサーバを攻撃するサイバー攻撃です。

第14問　**解答** **1**

解説　「JPEG（Joint Photographic Experts Group：ジェイペグ）」とは、静止画像データの圧縮方式の一種で、非可逆圧縮（不可逆圧縮）の画像フォーマットです。拡張子には「.jpg」や「.jpeg」などが付与されます。インターネット上ではPNGやGIFと並んでよく使われていますが、PNGやGIFと違い、背景の透過はできません。

第15問　**解答** **1**

解説　dt要素に説明したいことを書き、dd要素でそれに対しての説明文を書きます。その全体をdl要素で囲むというルールが適用されているため、問題ありません。

dl(definition list)　　　　　：定義リスト
dt(definition term)　　　　：定義する言葉
dd(definition description)：定義の説明

定義リストの入れ子のルールには、次のようなものがあります。

●dl要素内の子要素は、dt要素、dd要素のみ。（ただし、dt要素、dd要素内はほかの要素を使用できる。）
●dt要素、dd要素を必ず1回ずつ以上使用する。
●dt要素の次にdd要素を使用する。
●dl要素内にdt要素、dd要素はいくつ使用してもよい。

第16問　解答 **1**

解説　「addEventListener()メソッド」でプルダウンリストの変化を検知し、第2引数に指定した関数を実行するためには、「changeイベント」を設定します。

第17問　解答 **1**

解説　50pxと50pxを加算した100pxになりそうですが、marginには「marginの相殺（Collapsing Margins）」と呼ばれるものがあります。

marginの相殺は、隣接する兄弟要素が垂直marginを指定しているときなどに起こります。

marginの相殺が起こると、2つのmarginのうち大きい方（等しい場合はいずれか1つ）のmarginの値が適用されるため、ここでは50pxになります。

第18問　解答 **1**

解説　「p要素」は、段落（paragraph）を意味する要素です。

段落を表現する場合はp要素のタグで囲むのが適切です。

第19問　解答 **4**

解説　「CSS」とは「Cascading Style Sheets（カスケーディングスタイルシート）」の略で、スタイルシート言語です。

第20問　解答 **2**

解説　文字の色とその背景色のコントラスト（色の差、明度差）を強くすることで、文字が読みやすくなります。逆にコントラストが弱いと読みにくい画面になります。

障がいがある人や高齢の人のためだけではなく、気軽に持ち運べるスマートフォンやタブレットが普及したことで様々な場所（暗いところや明るい屋外）で閲覧されることも考慮する必要があり、十分なコントラストを確保することは、アクセシビリティの面でとても大切です。

第21問　解答 **3**

解説　input要素のtype属性にradiobuttonはありません。単一選択を表すラジオボタンを設定したい場合は、「input要素」の「type属性」に「radio」を設定します。

第22問　**解答** 4

解説 p要素の内部に配置できるものは「**フレージング・コンテンツ**」のみです。選択肢の中でフレージング・コンテンツは選択肢4のspan要素だけです。

第23問　**解答** 4

解説 HTTPS通信の標準ポート番号は443です。その他、HTTP通信が80、POP3通信が110、SSH通信が22です。

第24問　**解答** 2

解説 一定の条件により終了タグを省略できる要素は、p要素、li要素です。
また、一定の条件により開始タグも終了タグも省略できる要素は、body要素です。

第25問　**解答** 2

解説「img要素」の「alt属性」（代替テキスト）には、画像の代わりとなるテキストを設定します。画像が表示されなかったり、スクリーンリーダーで読み上げたりしたときに、画像の意味やコンテンツの情報が正しく伝わる内容を設定する必要があります。
今回は設定ページのリンクを示すので、そのまま設定とするのがよいでしょう。

概要

R3 第1回

R3 第2回

R3 第3回

R2 第2回

R2 第3回

R2 第4回

実技試験

作業の前に

ダウンロードした素材データから、「R02-4」フォルダ内の「data3（R02-4）」フォルダをデスクトップにコピーしておきましょう。

作業で使用する素材は、「data3（R02-4）」フォルダ内にあります。このフォルダには、作業1から作業6で使用する素材が「q*x*」フォルダという名前でまとめられています。

各作業の前に、デスクトップの「wd3」フォルダ内に「q*x*」フォルダをコピーし、フォルダの名前を「a*x*」に変更します。

※問題文の「data3」フォルダは、「data3（R02-4）」フォルダに読み替えてください。
※「wd3」フォルダがない場合は、自分で作成します。
※「q*x*」「a*x*」の*x*は、作業1から作業6の各番号に読み替えてください。

作業 ①

この課題では、ウェブサイトのHTMLファイル、CSSファイル、および画像などのソースファイルを、指示されたサイトのディレクトリ構造を示す図に合わせて適切に配置し、構成する必要があります。

作業を開始する前に、ウェブブラウザで「index.html」ファイルの表示を確認しておきましょう。

●作業1の完成イメージ

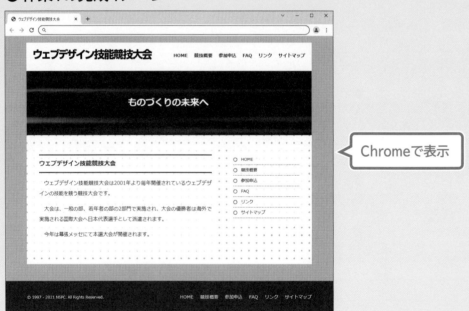

Chromeで表示

▶ Point 1

「fs.jpg」ファイルを開いて、作成するディレクトリ構造を確認します。
「a1」フォルダ内が、「fs.jpg」ファイルで確認したディレクトリ構造と同じになるように、「css」フォルダおよび「img」フォルダを作成し、ファイルの移動を行います。

> ファイルを移動すると、「index.html」ファイル内で参照している画像ファイルやCSSファイルのパスが正しくなくなります。そのため、ファイルの移動を行った場合は、パスの修正が必要です。

▶ Point 2

パスを修正します。
「index.html」ファイルを開いて、次の構文に含まれているファイルのパスを修正します。

●6行目

```
<link rel="stylesheet" href="style.css">
```

```
<link rel="stylesheet" href="css/style.css">
```

●15行目

```
<img src="logo.png" alt="ウェブデザイン技能競技大会">
```

```
<img src="img/logo.png" alt="ウェブデザイン技能競技大会">
```

> HTMLファイルやCSSファイルを編集するには、検定試験の指定エディタである「TeraPad」や「サクラエディタ」、「Sublime Text」を使うとよいでしょう。
> 「メモ帳」や「ワードパッド」でも編集できますが、コーディングに便利な機能が無く、また文字化けする場合があります。指定エディタは文字色の変更や行数の表示などができるので、ウェブページの作成に適しています。

修正できたら、ファイルを上書き保存し、ウェブブラウザで「index.html」ファイルの表示を確認しておきましょう。

概要

R3 第1回

R3 第2回

R3 第3回

R2 第2回

R2 第3回

R2 第4回

Point 3

CSSファイルのパスを修正します。
「**style.css**」ファイルを開いて、次の構文に含まれているファイルのパスを修正します。

●10行目

```
background-image: url(bg.png);
```

```
background-image: url(../img/bg.png);
```

●34行目

```
background-image: url(bd.png);
```

```
background-image: url(../img/bd.png);
```

●76行目

```
background: url(main_image.jpg) no-repeat center center;
```

```
background: url(../img/main_image.jpg) no-repeat center center;
```

●128行目

```
background: url(ar.png) no-repeat left center;
```

```
background: url(../img/ar.png) no-repeat left center;
```

「css」フォルダ内にある「style.css」から「img」フォルダ内のファイルを参照する場合は、「相対パス」で指定します。相対パスは、階層をたどって記述するため、「../img/ファイル名」という形になります。「../」で1つ上の階層を表します。

修正できたら、ファイルを上書き保存し、ウェブブラウザで「**index.html**」ファイルの表示を確認しておきましょう。

 Point 4

「**a1**」フォルダから、不要な「**fs.jpg**」ファイルを削除します。

以上で、作業1で必要な作業はすべて終了です。
「**index.html**」ファイルをウェブブラウザで開き、表示結果が作業前に確認した「**index.html**」ファイルの表示と同じなら、修正が正しく反映されています。同じ表示になっていない場合は、修正した箇所にミスがないかどうかを確認してください。

作業 ②

この課題では、ウェブサイトの複数のHTMLファイルについて、指示されたナビゲーションの各要素にリンクを設定し、また、ページ本文の修正を行う必要があります。

●作業2の完成イメージ

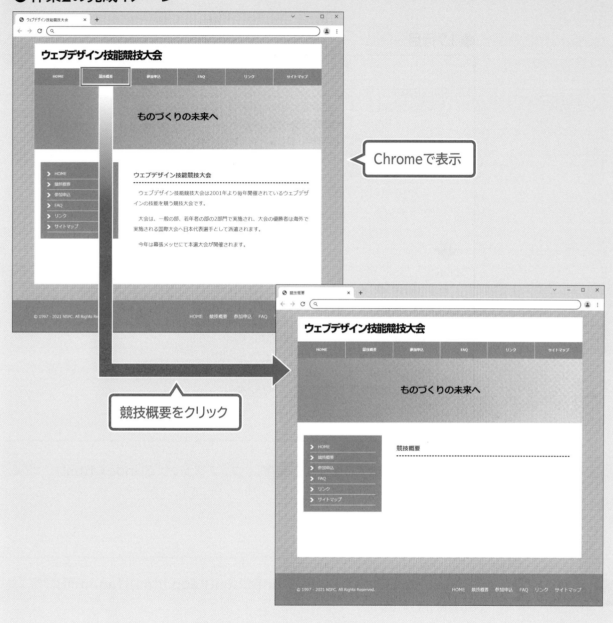

Chromeで表示

競技概要をクリック

概要

R3 第1回

R3 第2回

R3 第3回

R2 第2回

R2 第3回

R2 第4回

▶ Point 1

「index.html」ファイルのnav要素で指定されたグローバルナビゲーションにリンクを設定します。

「index.html」ファイルを開いて、次の構文に含まれているリンクの記述を修正します。

●17行目～

```
<nav>
  <ul class="cf">
    <li><a href="#">HOME</a></li>
    <li><a href="#">競技概要</a></li>
    <li><a href="#">参加申込</a></li>
    <li><a href="#">FAQ</a></li>
    <li><a href="#">リンク</a></li>
    <li><a href="#">サイトマップ</a></li>
  </ul>
</nav>

            ⬇

<nav>
  <ul class="cf">
    <li><a href="index.html">HOME</a></li>
    <li><a href="info.html">競技概要</a></li>
    <li><a href="app.html">参加申込</a></li>
    <li><a href="faq.html">FAQ</a></li>
    <li><a href="#">リンク</a></li>
    <li><a href="#">サイトマップ</a></li>
  </ul>
</nav>
```

修正できたら、ファイルを上書き保存し、ウェブブラウザで「index.html」ファイルを開いて、各グローバルナビゲーションのリンクが正しく設定されているかどうかをクリックして確認しておきましょう。

▶ Point 2

「index.html」ファイルと同様に、「info.html」「app.html」「faq.html」の各ファイルも修正します。

すべてのファイルで正しくリンクが設定されているかどうかを確認しておきましょう。

> 1ファイルごとに入力してもよいですが、入力ミスを防ぐには「index.html」ファイルの該当箇所をコピーし、ほかのHTMLファイルの該当箇所に貼り付けるとよいでしょう。

Point 3

「info.html」ファイル内の「A」の箇所を修正します。
「info.html」ファイルを開いて<title>タグを確認し、次の構文に含まれている見出しの記述を<title>タグの内容と同じテキストに修正します。

●34行目

```
<h1>A</h1>

<h1>競技概要</h1>
```

修正できたら、ファイルを上書き保存し、ウェブブラウザで「info.html」ファイルの表示を確認しておきましょう。

 Point 4

「info.html」ファイルと同様に、「app.html」「faq.html」の各ファイルも修正します。

「app.html」ファイル

●34行目

```
<h1>B</h1>

<h1>参加申込</h1>
```

「faq.html」ファイル

●34行目

```
<h1>C</h1>

<h1>FAQ</h1>
```

修正できたら、ファイルを上書き保存し、ウェブブラウザで「app.html」「faq.html」の各ファイルの表示を確認しておきましょう。

以上で、作業2で必要な作業はすべて終了です。
すべてのHTMLファイルをウェブブラウザで開いて、次の点を確認しておきましょう。
　　●指定されたグローバルナビゲーションにリンクが設定されている。
　　●本文中の「A」「B」「C」だった箇所が、ページタイトルと同じになっている。

概要

R3 第1回

R3 第2回

R3 第3回

R2 第2回

R2 第3回

R2 第4回

作業 ❸

この課題では、CSSファイルを編集して、指定されたコンテンツのレイアウトを修正する必要があります。

●作業3の完成イメージ

Chromeで表示

 Point 1

「style.css」ファイルを開いて、次の構文に含まれている余白の設定を修正します。

●35行目

```
margin: 20px 0 50px;
      ⬇
margin: 20px auto 50px;
```

※縦方向の余白については修正する必要はありません。

修正できたら、ファイルを上書き保存し、ウェブブラウザで「index.html」ファイルの表示を確認しておきましょう。

以上で、作業3で必要な作業はすべて終了です。
完成イメージと同じように、左に寄ったコンテンツが中央に配置されるようになっていれば、修正が正しく反映されています。同じ表示になっていない場合は、修正した箇所にミスがないかどうかを確認してください。

作業 **④**

この課題では、CSSファイルを編集して、h1要素の背景や文字の色を変更する必要があります。

●作業4の完成イメージ

Chromeで表示

▶ Point **1**

「style.css」ファイルを開いて、h1要素に関する記述に次の2行を追加します。

●102行目〜

```
h1 {
    border: double 3px #333333;
    font-size: 1.2em;
    margin-top: 0;
    padding: 10px 15px;
    background-color: #70a088;
    color: #ffffff;
}
```

※修正内容は一例になります。これ以外の記述でも実現は可能です。

> CSSファイルを修正する場合は、次のような点に注意しましょう。
> ● プロパティ入力時にスペルミスをしない。
> ●「: (コロン)」や「; (セミコロン)」を正しい位置に入力する。

修正できたら、ファイルを上書き保存し、ウェブブラウザで「index.html」ファイルの表示を確認しておきましょう。

以上で、作業4で必要な作業はすべて終了です。

正しく修正が行われていれば、完成イメージと同じように見出し部分の背景と文字に指定した色が付きます。同じ表示になっていない場合は、修正した箇所にミスがないかどうかを確認してください。

概要

R3 第1回

R3 第2回

R3 第3回

R2 第2回

R2 第3回

R2 第4回

作業 ❺

この課題では、完成イメージファイルを参考にCSSファイルを編集して、適切な背景画像を適用する必要があります。

●作業5の完成イメージ

Chromeで表示

▶ **Point 1**

「img.png」ファイルを開いて、適用すべき背景画像のイメージを確認します。

> 全体の背景：青のレンガ模様
> 内側の背景：菱形に十字が入った模様

▶ **Point 2**

「img」フォルダを開いて、適切な画像素材を探します。

> 全体の背景：青のレンガ模様　　　　→　b2.png
> 内側の背景：菱形に十字が入った模様　→　c3.gif

▶ Point 3

「**style.css**」ファイルを開いて、body要素とid="wrap"に関する記述に、次の行を追加します。

●8行目～

```
body {
    color: #333333;
    font-family: "メイリオ", 'MS PGothic', Osaka, sans-serif;
    font-size: 16px;
    margin: 0 0 150px 0;
    min-height: 100%;
    padding: 0;
    background-image: url(img/b2.png);
}
```

●30行目～

```
#wrap {
    background-color: #ffffff;
    border: solid 1px #000;
    line-height: 200%;
    margin: 20px auto 50px;
    min-height: 100%;
    padding-bottom: 40px;
    width: 918px;
    background-image: url(img/c3.gif);
}
```

修正できたら、ファイルを上書き保存し、ウェブブラウザで「**index.html**」ファイルの表示を確認しておきましょう。

▶ Point 4

「**a5**」フォルダから不要なファイルを削除します。
削除するファイルは、次のとおりです。

> img.png、「img」フォルダ内のb1.png、b3.png、c1.gif、c2.gif

※「**img**」フォルダ内の不要なファイルも忘れずに削除しましょう。

以上で、作業5で必要な作業はすべて終了です。
正しく修正が行われていれば、全体の背景と内側の背景がimg.pngと同じイメージで表示されます。同じ表示になっていない場合は、修正した箇所にミスがないかどうかを確認してください。

概要

R3 第1回

R3 第2回

R3 第3回

R2 第2回

R2 第3回

R2 第4回

作業 6

この課題では、HTMLファイルの内容を別のテキストファイルに置き換え、さらにその
テキストを正しく構造化して、更新する必要があります。

●作業6の完成イメージ

Chromeで表示

▶ **Point 1** 「sample.txt」ファイルを開いて、指定された要素をどのように使うかを確認します。

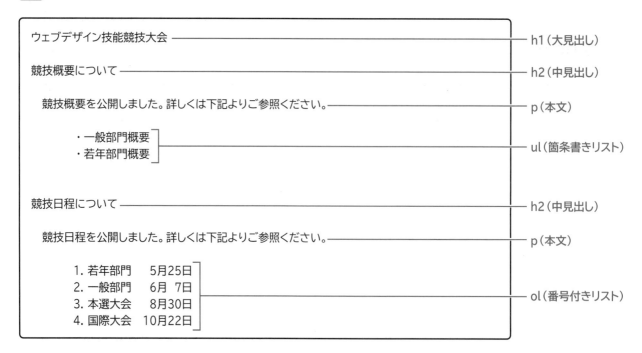

ウェブデザイン技能競技大会 ─── h1（大見出し）

競技概要について ─── h2（中見出し）

　競技概要を公開しました。詳しくは下記よりご参照ください。─── p（本文）

　　・一般部門概要
　　・若年部門概要 ─── ul（箇条書きリスト）

競技日程について ─── h2（中見出し）

　競技日程を公開しました。詳しくは下記よりご参照ください。─── p（本文）

　　1. 若年部門　　5月25日
　　2. 一般部門　　6月　7日
　　3. 本選大会　　8月30日
　　4. 国際大会　　10月22日 ─── ol（番号付きリスト）

▶ Point 2

「index.html」ファイルを開いて、main要素内のh1要素とp要素の内容をすべて削除します。

▶ Point 3

「sample.txt」ファイルの情報を、「index.html」ファイルのmain要素内に構造化しながら書き込んでいきます。

●33行目～

```
<main>
    <h1>ウェブデザイン技能競技大会</h1>
    <h2>競技概要について</h2>
    <p>競技概要を公開しました。詳しくは下記よりご参照ください。</p>
    <ul>
        <li>一般部門概要</li>
        <li>若年部門概要</li>
    </ul>
    <h2>競技日程について</h2>
    <p>競技日程を公開しました。詳しくは下記よりご参照ください。</p>
    <ol>
        <li>若年部門　　5月25日</li>
        <li>一般部門　　6月 7日</li>
        <li>本選大会　　8月30日</li>
        <li>国際大会　10月22日</li>
    </ol>
</main>
```

> 構造化を行う際には、インデントは付けなくてもかまいません。

> 箇条書きリスト（ul要素）や番号付きリスト（ol要素）の各リスト項目は、li要素で指定します。

修正できたら、ファイルを上書き保存し、ウェブブラウザで「index.html」ファイルの表示を確認しておきましょう。

▶ Point 4

「a6」フォルダから、不要な「sample.txt」ファイルを削除します。

以上で、作業6で必要な作業はすべて終了です。
正しく修正されていれば、大見出し、中見出し、本文、箇条書きリスト、番号付きリストなどが確認できます。完成イメージと同じ表示になっていない場合は、修正した箇所にミスがないかどうかを確認してください。

最後に

作成したデータに、不要なファイルがないかどうかを再度確認してください。

また、検定公式ウェブブラウザであるGoogle Chrome、Mozilla Firefox、Microsoft Edgeのどれを使用しても、表示やレイアウトの崩れなどがないかどうかを確認してください。

3級実技試験は6課題のうち、5つを選択し提出することとなっています。全課題について解答データを作成した際には、作成したデータの「a1」から「a6」より、5つのフォルダを「wd3」フォルダに残し、不要なフォルダは削除して作業は完了となります。

※ほかの回の実技問題を解く際には、素材や解答データが混ざらないよう、作業が終了した「wd3」フォルダは、適宜フォルダを作成するなどしてデスクトップから移動させてください。

よくわかるマスター
特定非営利活動法人 インターネットスキル認定普及協会 公認
改訂版
ウェブデザイン技能検定3級 過去問題集
（FPT2112）

2022年 4 月 5 日　初版発行
2024年12月23日　初版第 4 刷発行

著作：特定非営利活動法人 インターネットスキル認定普及協会
制作：株式会社富士通ラーニングメディア

発行者：佐竹　秀彦

発行所：FOM出版（株式会社富士通ラーニングメディア）
　　　　〒212-0014 神奈川県川崎市幸区大宮町 1 番地 5　JR川崎タワー
　　　　https://www.fom.fujitsu.com/goods/

印刷／製本：アベイズム株式会社

表紙デザインシステム：株式会社アイロン・ママ

FOM出版 のシリーズラインアップ

定番の よくわかる シリーズ

「よくわかる」シリーズは、長年の研修事業で培ったスキルをベースに、ポイントを押さえたテキスト構成になっています。すぐに役立つ内容を、丁寧に、わかりやすく解説しているシリーズです。

資格試験の よくわかるマスター シリーズ

「よくわかるマスター」シリーズは、IT資格試験の合格を目的とした試験対策用教材です。

■MOS試験対策

■情報処理技術者試験対策

ITパスポート試験　　　　基本情報技術者試験

FOM出版テキスト
最新情報 のご案内

FOM出版では、お客様の利用シーンに合わせて、最適なテキストをご提供するために、様々なシリーズをご用意しています。

FOM出版　🔍検索

https://www.fom.fujitsu.com/goods/

FAQのご案内

[テキストに関する よくあるご質問]

FOM出版テキストのお客様Q&A窓口に皆様から多く寄せられたご質問に回答を付けて掲載しています。

FOM出版　FAQ　🔍検索

https://www.fom.fujitsu.com/goods/faq/